Allgemeine
Energiewirtschaft

Eine kurze Übersicht über die uns zur Verfügung stehenden Energieformen und Energiequellen sowie die Möglichkeit, sie in Privat- und Volkswirtschaft, im Gemeinde- und Staatsleben auszunützen

Von

Hofrat Ing. Hans von Jüptner
o. ö. Professor

Mit 22 Abbildungen im Text

Leipzig
Verlag von Otto Spamer
1927

ISBN-13: 978-3-642-89916-4 e-ISBN-13: 978-3-642-91773-8
DOI: 10.1007/978-3-642-91773-8
Softcover reprint of the hardcover 1st edition 1927

Vorwort.

Alles, was in der Welt geschieht, jede Veränderung, die wir vor sich gehen sehen, ist das Ergebnis einer Arbeitsleistung, und alles das, was Arbeit leisten kann, nennen wir Energie.

Da wir uns nur durch Arbeit alles das zu beschaffen vermögen, dessen wir zur Befriedigung unserer Bedürfnisse benötigen, ist es für uns wichtig, die uns zur Verfügung stehenden Energieformen und Energiemengen zu kennen und sie möglichst gut zu verwenden, d. h. auszunutzen.

In dieser Beziehung wurde bisher viel gefehlt; man hat eben oft sorglos in den Tag hinein gelebt, egoistisch nur auf den augenblicklichen Nutzen gesehen, ohne an die Zukunft und das allgemeine Wohl zu denken, und wenn auch von mancher Seite auf die Notwendigkeit hingewiesen wurde, jede Energievergeudung möglichst zu vermeiden, so hat doch erst der Weltkrieg mit allen Nöten, die er über uns brachte, einem weiteren Kreise die Augen geöffnet und die dringende Notwendigkeit erkennen lassen, mit den vorhandenen Energiemengen haushälterisch umzugehen.

Am ersten erkannte man die Wichtigkeit, mit den vorhandenen Brennmaterialien zu sparen; allein dies genügt nicht, sondern man muß nicht nur mit der Wärme, sondern mit allen disponiblen Energieformen wirtschaften und noch überdies trachten, auch noch solche Energiequellen nutzbar zu machen, die bisher noch keine Verwendung fanden.

Das Interesse und Verständnis dafür weiteren Kreisen zu vermitteln, ist der Zweck des vorliegenden bescheidenen Büchleins, weshalb es sich nicht speziell an Techniker wendet, sondern allen jenen, welche sich für die Energiewirtschaft interessieren, einen kurzen Überblick über die uns zur Verfügung stehenden Energiequellen, sowie über die Art und Möglichkeit ihrer Verwertung geben will.

Nach einleitenden allgemeinen Betrachtungen über Volks-, Privat- und Weltwirtschaft, sowie speziell über die Energiewirtschaft, wird eine Übersicht über die verschiedenen existierenden Energieformen und deren Umwandlung ineinander gegeben, welche deshalb verhältnismäßig ausführlich behandelt wurden, weil es manchem Nicht-Fachmann erwünscht sein dürfte, die heutigen wissenschaftlichen Anschauungen darüber kennenzulernen.

Hieran reiht sich ein Überblick über alle uns überhaupt zur Verfügung stehenden Energiequellen und die Möglichkeit ihrer Verwertung.

In den letzten drei Kapiteln wird die Energiewirtschaft im allgemeinen, jene in größeren Gebieten (Gemeindewirtschaft), sowie die staatliche und politische Energiewirtschaft in möglichst abgerundeten Bildern besprochen.

Daß vorliegendes Schriftchen in jenen Kreisen, für welche es bestimmt ist, eine freundliche Aufnahme finden und gesteigertes Interesse für die so wichtigen Fragen der Energiewirtschaft wecken möge, wünscht

Wien, im September 1926. Der Verfasser.

Inhaltsverzeichnis.

Verzeichnis der Abbildungen.

I. Wirtschaftlichkeit und ihre Entwicklung.

Wirtschaftlichkeit überhaupt und Wirtschaftlichkeit in der Natur, Entwicklung der Wirtschaftlichkeit, Tauschhandel, Geld, Energie leistet Arbeit und Arbeit schafft Werte; Sparsamkeit mit Energie, allmähliche Fortschritte in der Energiewirtschaft.

Wirtschaften heißt: mit den vorhandenen Mitteln haushalten, also sparsam umgehen, und wenn ein altes Sprichwort sagt: „Sparen ist eine Tugend", so ist das vollkommen berechtigt, vorausgesetzt, daß am richtigen Orte gespart wird, während Sparsamkeit am unrichtigen Orte zur Verschwendung führen kann.

So hat sich die Sparsamkeit des österreichischen Parlamentes vor dem Weltkriege schwer gerächt, da wir demzufolge ganz unvorbereitet in den Weltkrieg ziehen mußten. Wir litten Mangel an Gewehren, ja, es mußte während des Krieges eine Neubewaffnung der Artillerie vorgenommen werden. Daß uns das, und zwar so gut gelang, ist übrigens ein schönes Zeugnis für unsere Leistungsfähigkeit!

Anderseits wird aber die Sparsamkeit oft nicht richtig gewertet. Häufig bestraft man die emsigen Sparer, indem man sie mit stärkeren Abgaben belastet als die Verschwender! Bei der großen Wichtigkeit, welche der Sparer — und nicht zum mindesten der kleine Sparer — für den Staat besitzt, sollte aber ganz im Gegenteil das Volk im Sparen gefördert, ja geradezu zum Sparen erzogen werden.

Noch mehr aber als für den einzelnen ist das Sparen für Länder und Völker, namentlich für solche wichtig, die auf irgendeine Weise in Not gekommen sind, wie Deutschland und Österreich, denen Haß und Habgier — aber auch der krasse Unverstand ihrer Feinde — soviel an Land, Leuten und Rohstoffen genommen haben.

So ist die Bevölkerungszahl Österreichs gegenüber dem alten Staate auf $^1/_6$, sein Kohlenvorrat aber auf $^1/_{200}$ gesunken, so daß heute auf den Kopf seiner Einwohner nur mehr $^1/_{33}$ der Kohlenmenge kommt wie früher. Außerdem hat die Zertrümmerung der österreichisch-ungarischen Monarchie ein großes zusammenhängendes Wirtschaftsgebiet zerrissen und damit alle Nachfolgestaaten schwer geschädigt.

In solchen Fällen muß sich die Sparsamkeit auf alles erstrecken, was ohne Schaden entbehrt werden kann; man muß auf den Luxus verzichten und alle Prasserei und Großtuerei unterlassen, weil diese den Staat nicht nur wirtschaftlich schädigen, sondern auch aufreizend und auf schwache Naturen ansteckend wirken.

Wenn wir nun zunächst von der Wirtschaftlichkeit im allgemeinen sprechen, so finden wir, daß in der Welt, als Ganzes genommen, also in der Natur, wenig Wirtschaftlichkeit herrscht. Wieviel Energie der Himmelskörper geht durch Strahlung verloren, indem sich die Wärme und Lichtstrahlen, welche die Himmelskörper aussenden, in Kugelschalen im Weltraum ausbreiten, sich also sozusagen immer mehr verdünnen und immer weniger ausnutzbar werden.

Aber auch auf dem kleinen Gebiet unserer Erde sehen wir wenig Wirtschaftlichkeit. Wie viele Pflanzensamen gehen zugrunde, bevor sie auf einen geeigneten Boden fallen, auf welchem sie keimen und wachsen könnten! Wie viele Fischeier werden nicht befruchtet oder werden von anderen Tieren verzehrt! Und selbst solche Pflanzen und Tiere, die sich bereits in voller Entwicklung befinden, sind noch vielen Gefahren von Witterungseinflüssen, Krankheiten und feindlichen Angriffen aller Art ausgesetzt.

Zwar sucht sich die Natur in verschiedener Weise zu helfen, indem sie beispielsweise Pflanzensamen mit Papillenbüscheln ausrüstet, damit sie der Wind weit fort an geeignete Bodenstellen tragen könne, oder indem sie die Übertragung des männlichen Blütenstaubes auf die weiblichen Blüten durch honigsuchende Insekten besorgen läßt, oder indem sie Schmetterlinge und andere Tiere mit solchen Formen und Farben ausstattet, daß sie von ihrer Umgebung schwer zu unterscheiden sind, also den Nachstellungen ihrer Feinde leichter entgehen. Fische sind — um noch ein Beispiel anzuführen — befähigt, viele Millionen Eier zu legen, so daß sich wenigstens einige derselben entwickeln können. So legt ein 3 kg schweres Karpfenweibchen (Rogner) 400 000 Eier, von denen jedoch bei der Fischzucht (also unter weit günstigeren Bedingungen als in der freien Natur) nur etwa 200 $1^1/_2$ Dekagramm schwere Setzlinge erhalten werden. Damit sichert sich die Natur allerdings vor dem Aussterben einer Tiergattung, aber wirtschaftlich ist das gewiß nicht![1])

Bei manchen Tieren finden wir schon Anfänge von Wirtschaftlichkeit, wie bei der honigsuchenden Biene, bei den Ameisen oder beim futtersammelnden Hamster usw.; aber erst beim Menschen gibt es eine zielbewußte, weitschauende Wirtschaftlichkeit, die sich allerdings erst recht langsam entwickelt hat.

In den ältesten Zeiten der Menschheit mußte jeder einzelne für sich selbst sorgen und war nur auf die ihm von der Natur gegebenen Organe im Kampfe mit wilden Tieren und mit den Naturkräften angewiesen. Die Not lehrte ihn sich durch Kleidung gegen die Kälte schützen, sie lehrte ihn auch, gegen die schädlichen Einflüsse der Witterung Schutz zu suchen, und führte ihn so dazu, Wohnstätten zu gründen. Solche Wohnstätten bot ihm schon die Natur selbst in Gestalt von Felsenhöhlen, doch lernte er auch bald künstliche Wohnungen zu errichten.

---

[1]) Freilich darf nicht vergessen werden, daß ein Teil des Pflanzen- und Tierbestandes als Nahrung für andere dient; es spricht sich eben schon in der Natur der Gegensatz zwischen Privat- und Weltwirtschaft deutlich aus.

Im Kampf mit wilden Tieren, aber auch zur Gewinnung von Nahrung durch die Jagd, trachtete er den Bereich seiner Kraft zu vergrößern, indem er zunächst seine Arme dadurch verlängerte, daß er einen Knüppel zur Hand nahm. Noch weiter konnte er sein Kraftgebiet vergrößern, als er fand, daß ein von seinem Arm geschleuderter Stein weit über den Bereich desselben ein Tier zu töten oder eine Frucht von einem Baum herabzuholen vermochte. Auch kam er darauf, daß es Hilfsmittel gebe, seine Muskelkraft für gewisse Zwecke besser auszunutzen. So schuf er sich Waffen und Werkzeuge und begann auch bald, sich für dieselben am besten geeignete Materialien auszuwählen.

Als sich der Mensch nun zuerst in Familien, dann in Stammverbände zusammenschloß und immer seßhafter wurde, ergab es sich, daß im Wohngebiete der einen Menschengruppe manche Naturprodukte fehlten, die in anderen — oft benachbarten — Gegenden reichlich vorhanden waren, und umgekehrt. Das führte einerseits zum Kampf um derartige Gebiete (namentlich um Salzquellen und um besonders wildreiche oder für die Landwirtschaft besonders geeignete, also fruchtbare Gegenden), anderseits aber zum Tauschhandel.

Mit wachsender Kultur breitete sich letzterer immer mehr aus und wurde schon lange vor der historischen Zeit auf ungeheure Distanzen betrieben. So kam der Bernstein von der Ostseeküste durch ganz Mitteleuropa nach Griechenland und Italien, ja noch weiter — und manche, zur Herstellung von Waffen und Werkzeugen besonders geeignete Mineralien (wie Feuerstein und Nephrit) wanderten von ihren Fundstellen oft weit weg zu ihren Verbrauchsorten. Auch die Bronze und wohl auch das Eisen gelangten aus den Gegenden des Orients so nach Europa, während das zur Herstellung der Bronze notwendige Zinn von England weit hinein ins Festland gelangte.

Ein Tausch war jedoch nur dann möglich, wenn jeder der beiden Tauschenden gerade nach dem Bedarf hatte, was der andere vertauschen wollte, und um diesen Schwierigkeiten zu begegnen, kam man darauf, allgemeingültige Wertmesser einzuführen, als welche zunächst solche Waren verschiedener Art, welche überall gebraucht wurden, wie z. B. Vieh (woher das Wort Pecunia stammt), Salz (in Abessinien) usw., benutzt wurden. So entstand das Geld, ein Wort, das den Zweck, als allgemeiner Wertmesser zu dienen, also etwas zu gelten, sehr gut zum Ausdruck bringt.

In ganz ähnlicher Weise wurden — zunächst gleichfalls im Interesse des Handels — auch Gewichts- und Maßeinheiten geschaffen, die schon in vorhistorischer Zeit weite Verbreitung fanden, was die Existenz weit ausgebreiteter Handelsbeziehungen schon in so früher Zeit beweist. Das waren in ältester Zeit die cyprische Mine (618 g) und die kretische Elle (33,3 cm), später aber die phönikische Mine (728 g) bzw. Elle (44,03 bis 44,4 cm).

Als eigentliche Wertmesser gelten heutzutage nur die Münzen — also das Hartgeld, und zwar strenggenommen nur jene, die einen Edelmetallgehalt besitzen, dessen Wert ebenso groß ist, wie jener der Münze selbst; nicht aber die sog. Scheidemünzen oder das Papiergeld. Freilich ist das Wertverhältnis zwischen Silber und Gold schon im Altertum, wie auch noch jetzt, ein schwankendes. Es betrug:

nach Herodot	1 : 13,
nach Plato	1 : 12,
bei den Römern anfangs	1 : 15,
später	1 : 12,
im Jahr 189 v. Chr.	1 : 10.

Die großen Silbermengen, die seit den 70er Jahren des vergangenen Jahrhunderts aus Amerika nach Europa kamen, bewirkten eine starke Steigerung dieses Verhältnisses, so daß man dasselbe schließlich in der lateinischen Münzkonvention mit 1 : $15^1/_2$ festlegte. Seither ist allerdings wieder eine große Steigerung der Goldproduktion eingetreten.

Das Papiergeld, das in Europa mit der Ausbildung des Staatskredits im 18. und 19. Jahrhundert zur Einführung kam, dient zunächst nur der Bequemlichkeit und besitzt gegenüber dem Metallgelde einen je nach Umständen veränderlichen Handelswert.

Gewöhnlich nimmt man an, daß der Handelswert des Papiergeldes nur dann jenem des eigentlichen Metallgeldes entsprechen könne, wenn der Staat bzw. die Notenbank, welche das fragliche Papiergeld ausgeben, einen ebenso großen Edelmetallvorrat besitzt, als dem im Umlauf befindlichen Papiergelde entspricht, d. h. mit anderen Worten, wenn sie imstande sind, sämtliches ausgegebene Papiergeld gegen vollwertiges Metallgeld umzutauschen. Wie sehr andernfalls der Wert des Papiergeldes sinken kann, haben wir ja alle an den Folgen der Inflation sehr bitter empfunden!

Diese Annahme ist jedoch durchaus nicht richtig, denn der Wert des Papiergeldes kann selbst bei mangelnder Deckung durch Edelmetallvorräte ein sehr hoher sein, wenn es — statt durch Gold und Silber — durch die Arbeitsleistung des betreffenden Landes gedeckt ist. Mit anderen Worten: Wenn in einem Lande die Edelmetalldeckung fehlt, muß es so viel, und namentlich solche Waren erzeugen, die im Auslande guten Absatz finden; der Absatz solcher Waren wird aber um so besser sein, je besser und billiger dieselben erzeugt, also auch verkauft werden können. **Die Arbeit ist eben eigentlich die einzige Quelle, welche Werte schafft.**

Wie der Wert einer Ware durch ihre Bearbeitung steigt, zeigen folgende, noch aus der Vorkriegszeit — also aus sozusagen normalen Verhältnissen — stammenden Preise von 1 kg verschiedener Eisenwaren in Mark bzw. ihres Verhältnisses zum Preise des Roheisens:

	RM./kg	Relativer Wert
Roheisen	0,04	1
Schienenstahl	0,055	1,375
Gas- und Wasserleitungsröhren	0,08	2
Bessemerstahl	0,08—0,10	2—2,5
Bessemerstahldraht	1,20	30
Feiner Draht	5,60	140
Nähnadeln daraus	6,72	168
Gewöhnliche Uhrfedern	12,—	300
Feinste Uhrfedern	8000,—	200 000

Der Wert des Metalles ist somit in letzterem Falle auf den 200 000fachen Wert des Ausgangsproduktes und auf den 257fachen Wert des Goldes gestiegen.

Dieses Beispiel zeigt deutlich, in welch hohem Grade der Wert der Naturprodukte durch ihre industrielle Bearbeitung gesteigert werden kann, wie wichtig es daher für jeden Staat ist, die industrielle und landwirtschaftliche Entwicklung möglichst zu fördern.

Die eben besprochenen Wertsteigerungen erfolgen nur dadurch, daß auf die betreffenden Rohstoffe Arbeit oder, wie man heute auch sagt, Energie — d. i. ja alles, was Arbeit leisten kann — aufgewendet wird. Diese Energie ist teils jene lebendiger Individuen (die körperliche, aber auch die geistige Arbeitskraft derselben), teils jene des bewegten Wassers oder der bewegten Luft (Wasserräder, Turbinen, Windmotoren), teils aber chemische Energie, wie sie in besonders verwendbarer Form in den Brennstoffen aufgespeichert ist. Hierzu kommt noch die strahlende Energie, von welcher hauptsächlich jene der Sonne, unter deren Einfluß die Pflanzen wachsen, die aber auch für das Leben von Tieren und Menschen von höchster Bedeutung ist.

Eine der wichtigsten Aufgaben der Menschheit — namentlich aber der Technik — ist es nun, alle diese Energiearten möglichst haushälterisch zu verwenden, indem sie — bei möglichster Schonung und Konservierung der belebten Arbeitskräfte — alle disponiblen Energievorräte auf das beste auszunutzen streben und gleichzeitig trachten, neue Energiequellen zu erschließen.

Dieses Streben, an Energie zu sparen, ist so alt wie die Menschheit. Als der Mensch darauf kam, den Bereich seines Armes durch Anwendung eines Knüppels zu vergrößern, erreichte er gleichzeitig noch weitere Vorteile: der Knüppel war widerstandsfähiger als die Hand; durch die Verlängerung des schlagenden Instrumentes wurde die Wucht des Schlages noch vergrößert und überdies die mechanische Wirkung des Schlages noch dadurch verstärkt, daß sich die Bewegungsenergie des Knüppels auf eine verhältnismäßig kleine Trefffläche konzentriert äußerte.

Durch weitere Ausnutzung dieses letzteren Vorteiles kam man zur Erfindung der Beile und der Messerklingen, bei denen die aufgewendete Energie auf einer einzigen Linie (der Schneide) zur Wirkung gelangt, und weiter zur Erkenntnis der Spitzenwirkung (bei Nadeln, Dolchen usw.) durch Konzentration der Wirkung auf einen Punkt.

Die Erfahrung, daß ein geschleuderter Stein auf weite Entfernung ein Tier zu töten vermöge, bedeutet einen wesentlichen Kulturfortschritt. Eine noch rationellere Ausnutzung der Muskelkraft erzielte man durch Anwendung elastischer Körper (im Bogen oder der Armbrust), wobei die zum Spannen des Bogens aufgewendete Arbeitskraft zunächst im elastischen Körper angesammelt, nach erfolgter Auslösung aber in rationeller Weise auf das Geschoß (den Pfeil oder Bolzen) übertragen wird.

Die weitere Ausnutzung dieser Aufspeicherung von Muskelkraft in elastischen Körpern gestattete unter Zuhilfenahme von mechanischen Vorrichtungen (Winden) die Ansammlung großer Energiemengen im federnden Bogen und somit eine bedeutende Steigerung der Fernwirkung, wie in den Ballisten und Katapulten.

Anderseits bediente man sich bei manchen Völkern als Triebkraft zur Erzielung von Fernwirkungen der Elastizität der Gase, indem man zum Blasrohre griff, bei welchem der Bolzen durch die in der Mundhöhle komprimierte und plötzlich entspannte Luft in die Ferne getrieben wird. Allerdings konnten hierbei nur ganz kleine und leichte Geschosse verwendet werden, deren Schlagwirkung natürlich auch nur eine kleine sein mußte, so daß mit dem Blasrohre nur ziemlich kleine Tiere getötet werden konnten. Um bei Raubtieren und menschlichen Gegnern den gewünschten Erfolg zu erzielen, mußte man die schädliche Wirkung des Geschosses in anderer Weise vergrößern, und kam so zur Anwendung vergifteter Geschosse. Die eigentlich tödliche Wirkung übt hier das Gift aus, also die in demselben aufgespeicherte chemische Energie, während die Triebkraft nur dazu dient, den Bolzen an den zu tötenden Organismus heranzubringen.

Prinzipiell haben wir also im vergifteten Blasrohrbolzen genau dieselbe Erscheinung, wie bei den modernen Hohlgeschossen und Schrapnells, bei welchen die Pulverladung der Geschütze — die freilich ganz andere Energiemengen entwickelt, als der Mensch im Blasrohre aufzuwenden vermag — nur dazu dient, das Geschoß in die Nähe des zu vernichtenden Zieles zu bringen. Die eigentlich zerstörende Wirkung des Geschosses wird durch seine Sprengladung, also gleichfalls durch die in derselben aufgespeicherte chemische Energie hervorgebracht[1]).

Bei Pfeil und Bogen, Schleuder und Blasrohr ist der Mensch auf seine eigene Muskelkraft angewiesen, und erst beim vergifteten Bolzen oder Pfeil zieht er neben dieser auch fremde, aufgespeicherte Energie heran. Einer der wichtigsten Kulturfortschritte war die selbständige Anwendung solcher aufgespeicherter fremder, und zwar chemischer Energie, indem der Mensch das Feuer nicht nur benutzen, sondern auch nach Bedarf erzeugen lernte. Es war das der erste bewußt durchgeführte chemische Prozeß, dessen sich der Mensch bediente, und hieran knüpfte sich bald eine ganze Reihe anderer chemischer Vorgänge, wie die Zubereitung der Speisen durch Braten und Kochen, die Herstellung gebrannter Tongefäße, die Gewinnung der Metalle usw. — Der Vorgang nun, um den es sich in allen diesen Fällen in erster Linie handelt, ist die Umwandlung der im Brennstoff aufgespeicherten chemischen Energie in Wärme.

Mindestens gleichzeitig, wenn nicht schon vor der Benutzung des Feuers, lernte der Mensch fremde, lebende Energiequellen benutzen, indem er im Kriege gefangene Feinde, Sklaven und Haustiere zur Arbeit heranzog.

Überblicken wir das eben Gesagte, so finden wir, daß der Mensch ursprünglich nur darauf bedacht war, seine Muskelkraft möglichst gut auszunutzen oder — mit anderen Worten — mit derselben eine möglichst große Leistung zu erzielen, zu welchem Zwecke er auch bald Energieakkumulatoren (im Bogen, der Armbrust, den Katapulten) erfand. Zur Verwendung fremder

[1]) In neuerer Zeit sind noch weitere Mordwaffen hinzugekommen, die auf demselben Prinzip beruhen, wie Torpedoboote, Unterseeboote, bombenwerfende Flugzeuge und die Giftgase.

Energiequellen griff er erst später bei Anwendung von Giften und von Brennstoffen, woran sich wohl bald auch die Ausnutzung von Wasserkräften zum Transport schwimmender Gegenstände gereiht haben wird. Hieran schließt sich die Schiffahrt, wobei entweder das Ruder (also menschliche Muskelkraft) oder das Segel (Energie des Windes), aber auch die Wasserströmungen in Verwendung kamen.

Erst die Erfindung des Wasserrades, welche die fortschreitende Bewegung des fließenden Wassers in eine rotierende umwandelt, bot die Möglichkeit, die Energie des fließenden Wassers an einer beliebigen Stelle des Wasserlaufs auszunutzen.

Alle diese Erfindungen und Fortschritte, die der Mensch so erzielte, setzen aber auch eine recht beträchtliche geistige Arbeit voraus, die gerade in den ältesten Zeiten umso höher einzuschätzen ist, weil man hierbei nur wenig auf ältere Erfahrungen und Kenntnisse zurückgreifen konnte.

Es würde zu weit führen, schon hier noch weiter auf die Entwicklung der Energieausnutzung einzugehen, da die angeführten Beispiele wohl genügen werden, von denselben einen Begriff zu geben.

Seither hat man auf diesem Gebiete zwar sehr gewaltige Fortschritte gemacht, doch bleibt noch immer recht viel zu tun übrig.

II. Volks- und Privatwirtschaft.

Gegensätze zwischen beiden, Notwendigkeit eines Ausgleichs der Interessen; Perioden der Volkswirtschaft; Energiewirtschaft, verschiedene Formen der Energie (aktive und gebundene Energie), Energieumwandlung, Energiequellen; Grundlagen der Energiewirtschaft.

Fragen wir nun, was eigentlich unter Wirtschaft zu verstehen ist, so können wir sie mit Professor *C. J. Fuchs* als planmäßige Ordnung fortgesetzter Tätigkeit bezeichnen, welche die Befriedigung der Bedürfnisse für einen gewissen Zeitraum bezweckt und sicherstellt.

Zu dem Begriffe „Wirtschaft“ gehört nicht allein die Beschaffung, sondern auch die Verwendung der Güter und ihre Verteilung auf diesen Zeitraum, den man als Wirtschaftsperiode bezeichnet.

Man muß aber strenge zwischen Privat- und Volkswirtschaft unterscheiden. Zu ersterer gehört die Wirtschaft in einzelnen Familien sowohl wie jene in verschiedenen Unternehmungen. Sie hat naturgemäß auf ihr eigenes Wohl in erster Linie Bedacht zu nehmen, während die Volkswirtschaft das gemeinsame Wohl aller Bewohner eines Landes bezweckt, weil sich dieselben ja deshalb vereinigt haben, um so ihre Lebensbedürfnisse leichter befriedigen zu können.

Noch höher als die Volkswirtschaft würde natürlich jene Wirtschaft stehen, welche für die ganze Menschheit arbeitet, somit das Wohl aller menschlichen

Erdbewohner bezweckt, also eine allgemeine Weltwirtschaft; doch sind die Aussichten, eine solche zu erzielen, noch in recht weite Ferne gerückt, weil natürlich die Zusammenarbeit vieler um so schwieriger erreicht wird, je größer ihre Zahl ist.

Zwischen Privat- und Volkswirtschaft werden stets gewisse Gegensätze vorhanden sein, weil beide oft recht verschiedene Interessen haben werden. — Beide haben unbestritten ihre Berechtigung, und es wird daher notwendig sein, zwischen ihnen einen gerechten Ausgleich zu finden, d. h. darnach zu trachten, sowohl die volks- als die privatwirtschaftlichen Interessen so gut als möglich zu befriedigen.

Es dürfen daher die Privatinteressen nicht schrankenlos egoistisch ausgenutzt werden, und zwar nicht allein aus ethischen, sondern auch aus recht praktischen Gründen, weil sich die verschiedenen privatwirtschaftlichen Interessen gegenseitig schädigen und daher selbst darunter leiden würden. Anderseits muß aber auch die Volkswirtschaft auf die Privatinteressen Rücksicht nehmen, weil sonst auch die Volkswirtschaft darunter leiden würde.

Jeder Staat braucht Geld, um die dem allgemeinen Wohl dienenden Einrichtungen, wie Schulen, Spitäler, Versorgungshäuser, Eisenbahnen und sonstige Verkehrsanlagen usw., aber auch die Staatsverwaltung selbst erhalten zu können, und das kann er sich nur durch Steuern (wozu auch die Monopole, Frachtgebühren usw. gehören) oder durch Zölle verschaffen. Wachsen Steuern, Frachtkosten, Zölle usw. über ein gewisses Maß hinaus, so wird es den Produzenten unmöglich zu existieren und für ihre Erzeugnisse Absatz zu finden. Darunter leidet aber sowohl der Staat, wie die ganze Bevölkerung: die Staatseinnahmen sinken und die Handelsbilanz gestaltet sich ungünstig, die Arbeitslosigkeit wächst, der Geldwert sinkt und die Preise steigen.

Anderseits kann aber auch die Industrie durch Kartelle und so erzielte übermäßige Reingewinne, sowie andere Umstände eine solche Steigerung der Preise aller Lebensbedürfnisse hervorrufen, daß die Volkswirtschaft aufs ärgste geschädigt wird. In dieser Beziehung bietet die Hypertrophie des Zwischenhandels, die wir ja als Schieber- und Preistreibertum fürchten gelernt haben, eine besondere Gefahr! Auch der Zwischenhandel hat seine Berechtigung, weil er den Verkehr zwischen Konsumenten und Produzenten vermittelt und vereinfacht; aber er darf ein gewisses Maß nicht überschreiten, wie überhaupt zwischen der Zahl von Produzenten und Konsumenten ein richtiges Verhältnis eingehalten werden soll.

Im beiderseitigen Interesse müssen sich daher Volks- und Privatwirtschaft einander anpassen und vor allem muß in der Privatwirtschaft Ehrlichkeit und ein gewisser Idealismus herrschen, aller Egoismus aber verbannt werden.

Leider sieht es in dieser Beziehung heute, und zwar nicht nur bei uns, sondern überall recht schlecht aus, so daß ein moralischer Wiederaufbau, eine moralische Sanierung dringend notwendig ist!

Die gegenseitigen Beziehungen zwischen privat- und volkswirtschaftlichen Interessen lassen sich kurz in folgender Weise zusammenfassen:

Während die Privatwirtschaft dahin zielt, Werte für die Unternehmung oder den einzelnen Produzenten zu erzeugen, liegt es im volkswirtschaftlichen Interesse, dafür zu sorgen, daß der Wert des von einem Volke benutzten Zahlungsmittels — also auch seine Kaufkraft — ein möglichst hoher sei, daß also möglichst viel Geld aus dem Ausland herein, möglichst wenig aber hinaus wandert. Der Staat muß also trachten, den Hauptteil seines Bedarfes im Inlande zu decken, um möglichst viele Bedürfnisse des Auslandes durch die inländische Produktion befriedigen zu können. Das ist aber nur dann zu erreichen, wenn man im Inlande besser und billiger erzeugt, als im Auslande.

Nach diesem Grundsatze verfährt die deutsche Industrie: sie liefert billig und gut und wurde so ein schwerer Konkurrent für England. Man suchte sich dort dadurch zu helfen, daß man die deutschen Waren als „made in Germany" bezeichnete; erreichte dadurch aber gerade im Gegenteil, daß diese Bezeichnung die beste Reklame für die deutschen Waren wurde.

Sehr interessant ist es, daß — mit Bezug auf diese Tatsache — eine amerikanische Zeitung während des Weltkrieges an der Spitze ihres Blattes den Satz brachte: „The war is not made in Germany, but ‚made in Germany' is the cause of the war".

Die Entwicklung der Volkswirtschaft ging Hand in Hand mit jener der modernen Nationalstaaten, wobei drei verschiedene Perioden zu unterscheiden sind:

1. Die absolutistische Periode bis zur französischen Revolution, ja teilweise bis zur Mitte des 19. Jahrhunderts. Sie charakterisiert sich durch das sogenannte Merkantilsystem: Befriedigung möglichst aller Bedürfnisse durch die nationale Arbeit, gleichzeitig aber möglichste Steigerung der Produktion und Hebung der Ausfuhr, um ausländisches Geld ins Land zu bekommen.

2. Die liberale Periode, von der französischen Revolution bis zum letzten Viertel des 19. Jahrhunderts, welche durch Einführung der Rechtsgleichheit und der freien Konkurrenz, aber auch durch Aufhebung der Sonderrechte, Privilegien und Monopole, durch Bauernfreiheit, Gewerbefreiheit und Handelsfreiheit, sowie durch Freizügigkeit charakterisiert war, wobei staatliche Eingriffe in das Wirtschaftsleben vermieden wurden. Das Wesen dieser Periode war extreme Industrialisierung; man trachtete statt einer volkswirtschaftlichen eine weltwirtschaftliche Neugestaltung zu erreichen.

3. In der dritten Periode endlich ist wieder das Nationalitätsprinzip, die Sicherung der nationalen Existenz und Unabhängigkeit, in den Vordergrund getreten, wenn auch die bestehenden weltwirtschaftlichen Beziehungen aufrechterhalten wurden.

Seit dem Weltkriege sind letztere Beziehungen allerdings in vielen Fällen abgerissen, worunter wir heute schwer leiden, so daß es dringend nötig erscheint, sowohl die Volks- wie die Weltwirtschaft im eigensten Interesse aller Länder und Völker nach Kräften weiter zu entwickeln. Am bösesten hat in dieser Beziehung wohl die Zerstückelung eines so großen zusammengehörigen Wirtschaftgebietes, wie es der alte österreichisch-ungarische Staat war, gewirkt, indem eine Reihe von Einzelstaaten geschaffen wurden, die sich gegenseitig möglichst abschließen und so wirtschaftlich schädigen.

Aber auch in anderer Weise haben die Friedenschlüsse großen Schaden angerichtet, indem das von *Wilson* noch stark betonte Nationalitätsprinzip ganz beiseite gestellt wurde und — namentlich vom deutschen Volke — große Volksteile unter Fremdherrschaft gelangten, und so teilweise Staatsgebilde geschaffen wurden, in welchen die herrschende Nation in einem noch ärgeren Mißverhältnis zu allen in ihnen wohnenden Volksstämmen steht, als die Deutschen in der alten österreichischen Monarchie!

Wenn wir uns nun, nach diesen allgemeinen wirtschaftlichen Betrachtungen, unserem eigentlichen Gegenstande, der Energiewirtschaft, zuwenden, müssen wir zunächst den Begriff festlegen, den wir mit dem Worte Energie verbinden.

Nach *Wilhelm Ostwald* ist Energie das Unterscheidende in Raum und Zeit, eine Definition, die zwar vollkommen zutrifft, aber so allgemein gehalten ist, daß es dem Laien ziemlich schwer fällt, sich eine richtige Vorstellung zu bilden. Da wir an materielle Vorstellungen gewöhnt sind, dürfte folgende Definition leichter verständlich sein.

Energie ist die Fähigkeit, Arbeit zu leisten, also Veränderungen im bestehenden Zustande hervorzurufen. Ihre Größe wird daher durch die Größe der Arbeit gemessen, welche sie leisten kann. Hierbei verstehen wir unter Arbeit ganz allgemein irgend eine Zustandsänderung, also irgend eine Tätigkeit. Nun gibt es sehr verschiedene Arten von Arbeit, also auch verschiedene Maßeinheiten der Energie. So messen wir mechanische Arbeit in Pferdestärken, elektrische Arbeit in Watt, die Wärme in Wärmeeinheiten oder Calorien usw. Nur für eine, und zwar in mancher Beziehung besonders wichtige Art derselben, nämlich für die geistige Arbeit, die eine Art von Imponderabile darstellt, gibt es leider keine Maßeinheit!

Ebenso, wie es verschiedene Formen der Arbeit gibt, existieren auch verschiedene Formen der Energie; doch lassen sich dieselben in zwei Hauptgruppen einteilen, und zwar in

a) Aktive Energieformen, also sozusagen lebendige, tätige Energie, wie die Energie des fallenden Wassers, des Windes, die Energie der Licht- und Wärmestrahlung oder des elektrischen Stromes. Alle hierhergehörigen Energieformen sind, streng genommen, selbst eine Art von Arbeit, die aber noch weiter imstande ist, eine andere Art von Arbeit zu leisten.

b) Gebundene oder latente Energieformen, die man auch als aufgespeicherte Energien bezeichnen kann, wie dies beispielsweise bei den Brennmaterialien oder den Explosivstoffen der Fall ist. Soll diese gebundene Energie Arbeit leisten, also nutzbar gemacht werden, so bedarf es eines Vorganges, durch welchen sie freigemacht und in Arbeit umgesetzt wird, wie dies bei der Verbrennung oder Explosion geschieht. — Körper, in welchen auf solche

Weise Energie aufgespeichert ist, können wir als Energieträger oder Energieakkumulatoren bezeichnen.

Ein gutes Beispiel solcher Energieakkumulatoren bietet eine Uhrfeder, zu deren Aufziehen Arbeit, also auch Energie aufgewendet werden muß. Sie würde sich sofort wieder entspannen und die aufgewendete Energie wieder frei machen, wenn nicht eine Hemmung vorhanden wäre, welche der Entspannung einen Widerstand entgegensetzt. Die Energieaufspeicherung besteht also darin, daß dem Freiwerden der angesammelten Energie ein Hindernis begegnet. Wird dieses Hindernis entfernt, so verwandelt sich die latente Energie in freie und kann Arbeit leisten.

c) Aber auch die freie oder aus den Trägern latenter Energie freigemachte Energie kann nicht immer in jener Form, in welcher sie uns entgegentritt, für unsere Zwecke nutzbar gemacht werden, sondern muß hierzu oft erst in eine andere Energieform umgewandelt werden, wie z. B. die Energie des elektrischen Stromes in Lichtenergie für Beleuchtungszwecke, die Wärmeenergie am Wege der Verdampfung von Wasser im Dampfkessel in die Energie des gespannten Dampfes, welcher wieder in der Dampfmaschine in mechanische Energie umgewandelt wird; die Energie des fließenden Wassers — die eine geradlinige Bewegung desselben bedingt — in die rotierende Bewegung der Wasserräder und Turbinen; die mechanische Energie von Turbinen, Dampfmaschinen usw., am Wege der Dynamomaschinen in elektrische Energie usw. Solche Vorrichtungen, welche derartige Energieumwandlungen bezwecken, können wir allgemein als Maschinen bezeichnen.

Fragen wir nach dem Ursprunge jener Energiemengen, welche uns zur Verfügung stehen, also nach den Energiequellen, aus welchen wir sie schöpfen, so finden wir dieselben teils auf unserer Erde (wie beispielsweise die Brennstoffe, die Wärme des Erdinnern, die Energie radioaktiver Stoffe usw.), teils aber strömt unserer Erde auch von außen — und zwar oft in recht beträchtlichen Mengen — Energie zu, wie — um nur ein, und zwar das wichtigste Beispiel zu nennen — die Wärme- und Lichtstrahlung der Sonne. Erstere Energievorräte sind nur in begrenzter Menge vorhanden und müssen daher haushälterisch ausgenutzt werden, um sie nicht vorzeitig zu erschöpfen, während letztere, die uns unbegrenzt von außen zufließen, eine sehr wünschenswerte Vermehrung der verfügbaren Energiequellen darstellen, so daß ihre tunlichste Ausnützung im Interesse unserer Energiewirtschaft liegt.

Daß ein guter Teil der auf der Erde aufgespeicherten Energiemengen (in den Brennstoffen, den Pflanzen, Tieren und Menschen) gleichfalls von der Sonne stammt, sei schon hier nebenbei erwähnt.

Wie mit allem anderen, müssen wir auch mit den verfügbaren Energiequellen sparsam umgehen, was um so notwendiger ist, als wir immer und überall im Leben Energie verbrauchen. Somit ist die Energiewirtschaft einer der wichtigsten Teile der Wirtschaft überhaupt und bezweckt die möglichst vollständige Ausnutzung aller uns zur Verfügung stehenden Energiequellen, wobei — im Hinblick auf die beschränkten Mengen der auf der Erde selbst vorhandenen Energien — die Ausnutzung der außerirdischen Energiezuflüsse besondere Beachtung verdient.

Jeder Energieverlust, jede Energievergeudung stellt — sowohl in privat-, wie in volkswirtschaftlicher Beziehung — eine wirtschaftliche Schädigung der ganzen Menschheit dar, und *Wilhelm Ostwald* hat daher mit Recht die Sparsamkeit an Energie als Maß für die Kultur eines Volkes aufgestellt. Allerdings wird eine gute Energiewirtschaft nicht allein auf Sparen mit Energie, sondern — weil die Beschaffung der Energie in irgendeiner Form Geld kostet und dieses unser allgemeiner Wertmesser ist — auch auf die geldwirtschaftliche Seite der Frage Rücksicht nehmen müssen.

Hiernach lassen sich die Grundlagen der Energiewirtschaft schon hier kurz in folgender Weise entwickeln.

Vor allem müssen wir trachten, die uns zur Verfügung stehenden Energiemengen und -arten möglichst vollständig auszunützen, Energieverluste, so gut es geht, zu vermeiden, also auch die bei jedem Vorgange unvermeidlichen Abfallsenergien in irgendeiner Weise wieder nutzbar zu machen. Ebenso werden wir aber auch bestrebt sein müssen, möglichst billige Energiequellen, und zwar namentlich solche, die uns im Inlande zur Verfügung stehen, sowie bisher unbenutzte Energiequellen heranzuziehen.

Dort, wo der Verbrauch von Energie ein schwankender ist, unsere Energiequelle aber konstant annähernd gleiche Energiemengen liefert, werden wir für den Energieüberschuß, wie er bei vermindertem Verbrauche eintritt, eine anderweitige Verwendung suchen, oder ihn in Akkumulatoren aufspeichern.

In manchen Fällen werden wir auch dadurch eine bessere Energieausnutzung erzielen können, daß wir aus den verfügbaren Energieträgern andere herstellen, welche eine bessere Energieausnutzung gestatten, als die ursprünglichen (Verkohlung und Vergasung roher Brennstoffe, elektrische Transformatoren usw.). Allerdings werden derartige Umwandlungen immer einen gewissen Energieaufwand erfordern, der aber durch die erzielte bessere Ausnutzbarkeit wettgemacht wird.

Hierzu kommt noch die Notwendigkeit, geeignete Vorrichtungen zu besitzen, um die beabsichtigten Energieumwandlungen möglichst günstig durchzuführen, diese Vorrichtungen aber auch zu erhalten, zu pflegen und in richtiger Weise in Betrieb zu nehmen. Bei menschlichen Energieträgern, die ja auch zu diesen Energieumwandlungs-Vorrichtungen gehören, kommt endlich — gleichgültig, ob sie mechanische oder geistige Arbeit zu leisten haben — noch ihre Schulung und Entlohnung in Betracht.

Die Energiewirtschaft umfaßt somit sehr zahlreiche und auch verschiedenartige Gebiete, und zwar

1. Kenntnis aller uns zur Verfügung stehenden Energieformen und Energieträger,

2. die rationelle Ausnutzung der Energieträger, d. h. die tunlichst vollständige Freimachung der in denselben aufgespeicherten Energiemengen,

3. Aufspeicherung disponibler freier Energiemengen, also Ansammlung von Energievorräten zum Zwecke ihres späteren Gebrauches,

4. Umwandlung der verschiedenen Energieformen in die für die beabsichtigten Zwecke benötigte Form, und die hieraus gewinnbare Arbeitsleistung,

5. Passende Pflege, Wartung und Benutzung unserer Energieträger und Energieumwandlungs-Vorrichtungen (Energietransformatoren), wozu bei belebten Energieträgern noch ihre Aufzucht, bei Menschen aber noch deren Schulung und Entlohnung kommt,

6. endlich sind noch die allgemeinen Grundsätze festzulegen, nach welchen Energie gespart, bzw. eine gute Energiewirtschaft erzielt wird.

Letztere Aufgabe — also die rein wirtschaftliche Seite der Energiewirtschaft — wird uns im folgenden hauptsächlich beschäftigen, doch wird es nicht zu vermeiden sein, auch die technische, chemische und physikalische Seite der Frage, wenn auch nur in knappester Form, soweit zu berühren, als sie zum Verständnis der rein volkswirtschaftlichen Fragen der Energiewirtschaft unentbehrlich ist.

III. Energieformen.

Arbeit, Leistung, Kraft, mechanische Energie, Distanz-, Flächen- und Volumenenergie, Wärme, Elektrizität, Magnetismus, strahlende Energie (Kathoden- und Kanalstrahlen, Licht- und Wärmestrahlen, Röntgenstrahlen, Herzsche Wellen), chemische Energie, radioaktive Elemente; Aufbau der Welt nach den gegenwärtigen Ansichten.

Wie schon früher gesagt, ist Energie alles, was Arbeit leisten kann, und unter Arbeit verstehen wir jede Lageänderung von Massen, während wir die in der Zeiteinheit geleistete Arbeit als Leistung bezeichnen. Um aber eine Masse in Bewegung zu setzen, muß eine Kraft auf dieselbe einwirken, denn nach *Galiläi* kann eine ruhende Masse nicht von selbst in Bewegung kommen, eine bewegte Masse aber kann nicht ohne die Einwirkung von Kräften in den Ruhezustand übergehen oder die Art ihrer Bewegung ändern. Diese wichtige Eigenschaft der Körper nennen wir ihr Beharrungsvermögen oder die Trägheit der Materie, während wir unter Masse eines Körpers seine Stoffmenge verstehen.

Die eigentliche Ursache aller Energieäußerungen, also die allgemeine Grundform aller Energie sind also die Kräfte.

Wenn nun eine Kraft auf eine ruhende Masse einwirkt, so setzt die Trägheit der letzteren dieser Einwirkung einen Widerstand entgegen, der überwunden werden muß, und hierbei leistet die Kraft eine Arbeit.

Legt die Masse m bei dieser Lageveränderung in der Zeit t eine Wegstrecke s zurück, so bezeichnet man das Verhältnis der zurückgelegten Wegstrecke zu der hierzu erforderlichen Zeit, oder genauer ausgedrückt, die in der unendlich kleinen Zeit $d\,t$ zurückgelegte Wegstrecke $d\,s$ als Geschwindigkeit:

$$v = \frac{d\,s}{d\,t}.$$

Bleibt v auf der ganzen zurückgelegten Wegstrecke unverändert, so ist die Bewegung eine gleichförmige. Eine solche entsteht (wie sich aus den *Galiläi*schen Gesetzen von selbst ergibt) wenn eine Kraft nur momentan auf einen Körper einwirkt, oder wenn eine längere Zeit wirksame Kraft plötzlich einzuwirken aufhört. In diesem Falle ist $\frac{d\,s}{d\,t} = v =$ konstant.

Wirkt hingegen die Kraft längere Zeit auf unsere Masse m ein, so erteilt sie derselben im ersten Augenblick eine gewisse Geschwindigkeit v_0, die in jedem folgenden Augenblick immer mehr anwächst. Wir wollen hier nur den einfachsten Fall herausgreifen, in welchem die einwirkende Kraft während ihrer ganzen Wirksamkeit unverändert bleibt. Unter diesen Umständen erhalten wir eine gleichförmig beschleunigte Bewegung. Die Änderung, welche die Geschwindigkeit in einem unendlich kleinen Zeitintervalle erleidet, d. i. $\frac{d\,v}{d\,t} = \frac{d^2\,s}{d\,t^2}$ nennt man die Beschleunigung; sie ist bei einer gleichbleibenden Kraft ebenso groß, wie die Anfangsgeschwindigkeit, welche dieselbe Kraft der Masse m im ersten Augenblick ihrer Einwirkung erteilt, denn auch in diesem Falle ist ja in jedem späteren Augenblick die Trägheit der Materie neuerdings zu überwinden, und letztere ist für den bewegten Körper ebenso groß, wie für den ruhenden (*Galiläi*).

Wir können uns daher die Gesetze der gleichförmig beschleunigten Bewegung ganz elementar in folgender Weise ableiten: Erhält eine Masse durch Einwirkung einer konstanten Kraft in der ersten Sekunde die Geschwindigkeit v_0, so wird sie in der Zeit t eine Endgeschwindigkeit

$$v_t = v_0 \cdot t \tag{1}$$

erlangen. Um nun zu ermitteln, welchen Weg die Masse m in der Zeit t zurücklegen wird, müssen wir von der mittleren Geschwindigkeit in der ersten Sekunde ausgehen, die wir, weil die Geschwindigkeit unserer Masse im Ruhezustand $= 0$, nach der ersten Sekunde aber $= v_0$ ist, gleich $\frac{v_0}{2}$ setzen können. Somit wird der in der ersten Sekunde zurückgelegte Weg $= \frac{v_0}{2}$ sein. Nach der zweiten Sekunde hat unser Körper die Endgeschwindigkeit $2 \cdot v_0$ erlangt, so daß die mittlere Geschwindigkeit in dieser Zeit (2 Sekunden) $\frac{2 \cdot v_0}{2} = v_0$ und der in dieser Zeit zurückgelegte Weg $2 \cdot 2 \cdot \frac{v_0}{2}$ beträgt. In der dritten Sekunde haben wir die Endgeschwindigkeit $3 \cdot v_0$, also eine mittlere Geschwindigkeit $\frac{3\,v_0}{2}$, so daß unsere Masse in 3 Sekunden den Weg $3 \cdot 3 \cdot \frac{v_0}{2}$ zurückgelegt haben wird. Somit finden wir ganz allgemein für den in der Zeit t zurückgelegten Weg

$$s = \frac{v_0 t^2}{2} = \frac{v \cdot t}{2}\,^{1)} = \frac{g t^2}{2} \tag{2}$$

oder weil nach (1) $t = \frac{v}{v_0}$, also $t^2 = \frac{v^2}{v_0^2}$ ist,

$$s = \frac{v^2}{2 v_0}. \tag{3}$$

Nun entsteht nach dem früher Gesagten eine Arbeit A dadurch, daß die Kraft K einen Widerstand — also hier die Trägheit der Masse m — auf einer gewissen Wegstrecke s überwindet; es ist daher

$$A = K \cdot s, \tag{4}$$

oder weil der Widerstand in unserem Falle nichts anderes ist, als die Masse m des bewegten Körpers:

$$A = m \cdot s = \frac{m \cdot v^2}{2 \cdot v_0} = \frac{m \cdot v^2}{2 g}. \tag{5}$$

Es ist dies jene Arbeit, welche eine konstant wirkende Kraft leistet, wenn sie die Masse m in gleichförmig beschleunigte Bewegung versetzt[2]), eine Arbeit, die man als lebendige Kraft bezeichnet, weil sie selbst wieder Arbeit leisten kann, wenn sie einen ihrer Bewegung entgegenstehenden Widerstand überwindet, und zwar muß letztere Arbeitsleistung ebenso groß sein, wie jene, welche der Masse m ursprünglich die Geschwindigkeit v erteilte[3]).

Hat die lebendige Kraft einen konstanten Widerstand zu überwinden, so verringert sich die Geschwindigkeit gleichmäßig immer mehr (es entsteht eine gleichförmig verzögerte Bewegung), bis endlich Stillstand erreicht, d. h. ein Gleichgewicht zwischen Kraft und Widerstand eingetreten ist.

Die Gesetze der gleichförmig beschleunigten Bewegung gelten auch für den freien Fall, d. h. für die Bewegung von Körpern, die frei aus der Höhe gegen den Erdboden fallen, nur hat man hier für die in der ersten Sekunde erreichte Fallhöhe, die man mit g ($= v_0$) bezeichnet, den Namen Acceleration der Schwere gewählt. Liegt ein Körper auf einer Unterlage, so kann

---

[1]) Hier ist zu bemerken, daß v_0 die Beschleunigung g darstellt.

[2]) Doch gilt diese Gleichung auch für die von einer momentan wirkenden Kraft geleistete Arbeit.

[3]) Wenn man als Masseneinheit das Kilogramm, als Maßeinheit der Strecke den Meter, als Zeiteinheit aber die Sekunde wählt und sich auf den freien Fall bezieht, so wird die Beschleunigung $g = 9{,}1$ und der Zug, den unsere Masseneinheit durch die Anziehung der Erde erleidet $mg = 9{,}1$ m; wählt man hingegen — wie in der Praxis gewöhnlich — als Einheit für die beschleunigende Kraft das Kilogramm, so wird dieser Masseneinheit nicht die Längeneinheit (1 m), sondern eine g mal so große Beschleunigung erteilt; die Zugkraft wird daher nicht mehr mg, sondern $\frac{m g}{g} = m$ sein, wodurch sich unsere Gleichung (5) auf $A = \frac{m v^2}{2}$ vereinfacht. Letztere Form der Gleichung wird daher auch häufig benutzt.

er nicht fallen, übt aber einen von seiner Masse abhängenden Druck auf seine Unterlage, den man als sein Gewicht bezeichnet, und das zur Feststellung seiner Stoffmenge, also seiner Masse allgemein im Gebrauch steht, weil eben die Massen den betreffenden Gewichten proportional sind. Es ist daher, wenn wir das Gewicht mit P bezeichnen,

$$m = n \cdot P\,, \tag{6}$$

wobei der Faktor n nur von der angewendeten Masseneinheit abhängt. Setzen wir die Gewichtseinheit gleich der Masseneinheit, so wird $n = 1$ und $m = P$; wählen wir jedoch, wie es in der Mechanik gewöhnlich der Fall ist, jene Masse als Einheit, welche denselben Druck wie eine Gewichtseinheit ausüben würde, wenn die Acceleration der Schwere nicht $= g$, sondern $= 1$ m wäre, so würde $n = \frac{1}{g}$, also $m = \frac{P}{g} = \frac{P}{9{,}81}$. Da nun die Arbeit

$$A = K \cdot S \tag{7}$$

ist, wird sie durch das Produkt aus dem Gewicht und dem zurückgelegten Wege gemessen, und als Einheit derselben gilt jene Arbeit, welche die Gewichtseinheit um die Wegeinheit fortbewegt. Für wissenschaftliche Zwecke dient als Gewichtseinheit das Gramm (d. i. die Masse von 1 cm³ Wasser bei 4° C), als Wegeinheit der Zentimeter, als Krafteinheit die Dyne, d. i. jene Kraft, welche der Masseneinheit die Beschleunigung 1 cm erteilt, als Arbeitseinheit aber das Erg oder jene Arbeit, welche 1 Dyne verrichtet, wenn sie ihren Angriffspunkt um 1 cm verschiebt.

Da diese Einheiten für praktische Zwecke viel zu klein wären, hat man für diese größere Einheiten gewählt, und zwar für die Masse das Kilogramm (= 981 000 Dyne), für die Arbeit das Meterkilogramm ($= 9{,}81 \cdot 10^7$ Erg).

Unter Leistung oder Effekt versteht man die in 1 Sekunde verrichtete Arbeit; ihre Einheit ist für wissenschaftliche Zwecke das Sekundenerg, für praktische Zwecke aber entweder das Sekunden-Meterkilogramm oder die Pferdestärke (1 PS = 75 mkg/sek).

Nach dieser kurzen Besprechung der mit Bewegungsvorgängen zusammenhängenden sog. kinetischen Energieformen, wollen wir uns nun jenen zuwenden, welche als Energien der Lage oder potentielle Energien bezeichnet werden, und zu diesem Zwecke betrachten, welcher Natur die Kräfte sind, die alle Bewegungserscheinungen hervorrufen, die wir also als Urenergien bezeichnen können.

Alle Zustandsänderungen, welcher Art sie auch immer sein mögen, sind schließlich auf Kräfte zurückzuführen, die zwischen verschiedenen Massen, bzw. Massenpunkten wirken. Sie können zweierlei Art sein: Anziehungskräfte, wie zwischen den verschiedenen Weltkörpern, oder zwischen den einzelnen Molekülen und Atomen, aus welchen die Körper bestehen, und die Kohäsion der Körper, die Tropfenbildung von Flüssigkeiten und die Existenz chemischer Verbindungen bedingen, oder wie die Anziehung ungleichnamiger Elektrizitäten oder Magnetpole — andererseits aber abstoßende Kräfte, wie sie zwischen gleichnamigen Elektrizitätsmengen oder Magnetpolen auftreten.

Die eigentliche Ursache, weshalb diese Fernkräfte auftreten, ist uns noch völlig unbekannt, wenn auch seit *Isenkraë* mancher Versuch gemacht wurde, hierfür eine Erklärung zu finden[1]).

Am längsten bekannt ist das von *Newton* entdeckte Gesetz der allgemeinen Schwere oder Gravitation, das — kurz gefaßt — wie folgt lautet: Zwei Körper ziehen einander mit einer Kraft an, die der Masse der Körper direkt, dem Quadrate ihrer Entfernung aber umgekehrt proportional ist.

$$K = f \cdot \frac{M \cdot m}{r^2}. \tag{8}$$

Hierin bedeutet K die Kraft, M und m die Massen, r ihre Entfernung und f einen Faktor, dessen Größe von der Wahl der Einheiten für Kraft, Massen und Entfernungen abhängt. Mit wachsender Entfernung der beiden Massen wird daher die zwischen beiden wirkende Anziehung abnehmen, während sie mit der Größe der Massen wächst. Andererseits wird bei der Gravitation mit wachsender Entfernung auch die Acceleration abnehmen und auch das Gewicht der Körper sich im selben Verhältnis ändern[2]).

Es verdient erwähnt zu werden, daß das Gewicht der Körper an der Erdoberfläche einen Höchstwert erreicht, unter derselben aber wieder abnimmt. Denken wir uns die Erdkugel so durchbohrt, daß das Bohrloch durch den Mittelpunkt derselben geht, und wir lassen einen Stein aus einer gewissen Höhe herabfallen, daß er in dieses Bohrloch hineinfällt, so erfährt er von den nun über ihm liegenden Massenpartien sowohl, und zwar gegen die Erdoberfläche hin, als von den in der Fallrichtung liegenden in entgegengesetzter Richtung, eine Anziehung, die, wenn er sich gerade im Erdschwerpunkte befindet,

---

[1]) Kürzlich hat Professor *Hartsough* von der Columbia-Universität ein so feines Instrument zur Gewichtsbestimmung konstruiert, daß er glaubt, den Gewichtsunterschied von Körpern nachweisen zu können, der zufolge der Anziehung des Mondes durch dessen verschiedene Stellung am Himmel hervorgerufen wird. Auch hofft er, so nachweisen zu können, ob das Gewichtsminimum genau in dem Augenblick eintritt, wenn der Mond gerade im Zenit steht, oder um kurze Zeit später. In letzterem Falle müßte sich die Gravitation im Raum mit einer gewissen Geschwindigkeit fortpflanzen.

[2]) Es ist $K = f \cdot \frac{M \cdot m}{r^2}$, andererseits ist die Arbeit, welche die fallende Masse in der ersten Sekunde leistet, nach (4)

$$A = K \cdot g = \frac{m g^2}{2},$$

also

$$f \cdot \frac{M \cdot m \cdot g}{r^2} = \frac{m g^2}{2},$$

$$f \cdot \frac{M}{r^2} = \frac{g}{2} \quad \text{oder} \quad g = 2 f \cdot \frac{M}{r^2}.$$

Ferner ist das Gewicht $P = m \cdot g$, also $= 2 f \cdot \frac{M \cdot m}{r^2}$.

Die Masse bleibt natürlich ungeändert, und wenn die Relativitätstheorie von einer Änderung bewegter Massen spricht, so ist dies nur eine scheinbare, weil der selbstbewegte Beobachter infolge seiner Eigenbewegung scheinbar einen anderen Wert von g findet.

nach allen Richtungen gleichgroß ist, so daß ein im Schwerpunkte liegender Körper kein Gewicht besitzt, so groß seine Masse auch sein möge.

Ganz ähnlichen Gesetzen wie die Gravitation folgen auch die Anziehungen ungleichnamiger Elektrizitätsmengen oder Magnetpole sowie auch die Abstoßungen gleichnamiger, nur daß letztere negatives Vorzeichen besitzen. Alle diese Kräfte ändern sich umgekehrt proportional dem Quadrate der Entfernungen, und, wenn uns auch die Ursache dieser Kraftäußerungen unbekannt ist, wird uns diese Proportionalität doch leicht begreiflich, weil es sich da ja um Kräfte handelt, die nach allen Richtungen hin gleichmäßig wirken, sich also vom Punkte ihres Ursprungs aus im Raum in Kugelschalen ausbreiten und daher mit zunehmendem Radius derselben im Verhältnis der Kugelschalenoberfläche abschwächen müssen.

Wenn man für andere, ähnliche Kraftwirkungen (wie beispielsweise die Capillarkräfte) ein rascheres Abnehmen mit wachsender Entfernung voraussetzt, so ist dies nicht ohne weiteres verständlich und müssen hierbei noch andere Ursachen vorausgesetzt werden.

Alle die eben besprochenen Energieformen faßt man als solche der Energie der Lage oder potentielle Energieformen zusammen. Weil sie sich im Raume äußern, kann man sie auch als Raumenergie bezeichnen. Je nach der Art, in welcher ihre Wirkungen zur Geltung kommen, unterscheidet man jedoch:

α) Distanzenergie, die sich nur in einer Richtung äußert, wie beispielsweise die Energie einer gehobenen Last, oder einer in einem Staubecken gesammelten Wassermasse, die beide durch die Schwerkraft bedingt sind, oder die elektrische und magnetische Anziehung bzw. Abstoßung.

β) Die Flächenenergie, wie sie an der Oberfläche von Flüssigkeiten oder festen Körpern wirksam wird und beispielsweise die Tropfenbildung hervorruft. Sie ist bedingt durch die gegenseitige Anziehung der kleinsten Teilchen, welche — wenn dieselben gegeneinander leicht beweglich sind, wie bei Flüssigkeiten, und wenn keine äußeren Kräfte (wie die Schwere) auf sie einwirken — das Zusammenballen der Teilchen zu kugelförmigen Gebilden bewirkt.

γ) Die Volumsenergie macht sich besonders bei Gasen und Dämpfen bemerklich und tritt als Gas- oder Dampfspannung in die Erscheinung. Sie äußert sich nach allen Richtungen gleichmäßig.

Eine Energie, die in der Natur ganz besonders häufig auftritt, ist die Wärme, die gleichfalls in zwei verschiedenen Formen auftritt.

a) als freie Wärme, auch fühlbare Wärme genannt, weil wir sie mit unserer Hand usw. fühlen, wie die Wärme eines erhitzten Körpers, die auch am Thermometer erkennbar ist, und

b) die latente oder gebundene Wärme, in Dämpfen oder geschmolzenen Körpern auftretend, oder die in den Brennstoffen und anderen Körpern aufgespeicherte Wärme, die durch das Gefühl oder das Thermometer nicht nachweisbar ist. Eigentlich ist sie nicht mehr als Wärme vorhanden, sondern in andere Energieformen übergegangen, kann jedoch durch die Kondensation von Dämpfen, beim Erstarren von Flüssigkeiten oder durch chemische Umwandlungen wieder in fühlbare Wärme übergeführt werden.

Nach unseren heutigen Anschauungen ist diese fühlbare Wärme ein Ergebnis der Bewegung der kleinsten Stoffteilchen (der Moleküle und Atome), und zwar die lebendige Kraft dieser Bewegung, welche wieder der absoluten Temperatur T proportional ist:

$$\frac{m v^2}{2} : \frac{m v_1^2}{2} = T : T_1$$

oder

$$T : T_1 = v^2 : v_1^2 .$$

Berühren sich zwei ungleich warme Körper, so stoßen die Moleküle beider an der Berührungsfläche aneinander und die lebendige Kraft der Moleküle des wärmeren Körpers wird teilweise, und zwar so lange, auf jene der kälteren übertragen, bis beide — also auch die Temperatur derselben — gleich geworden. Der so zustandekommende Wärmeübergang wird als Wärmeleitung bezeichnet. Je nachdem es sich hierbei um einen Wärmeübergang von einem wärmeren Körper auf einen anderen kälteren oder um einen solchen innerhalb eines und desselben Körpers von wärmeren Stellen desselben auf kältere handelt, unterscheidet man die innere und die äußere Wärmeleitung. Haben beide Körper die gleiche Temperatur angenommen, so ist — wie schon erwähnt — auch die lebendige Kraft ihrer Molekularbewegungen die gleiche geworden, so daß zwischen beiden kein Energieübergang mehr stattfinden kann. Von solchen Körpern sagt man, sie stehen im Temperatur- oder Wärmegleichgewichte.

Neben dem Wärmeübergang durch Leitung kann ein solcher auch durch Strahlung erfolgen, wovon später gesprochen werden soll.

Bekanntlich ziehen sich ungleichnamige Elektrizitäten an, während sich gleichnamige abstoßen; doch ist uns — ganz ebenso wie bei der Massenanziehung — die Ursache dieser Erscheinung unbekannt. Nach unseren gegenwärtigen Anschauungen bestehen alle Körper aus kleinsten Teilchen von zwei verschiedenen Arten. Die eine dieser Arten ist elektropositiv, die andere aber elektronegativ geladen. Erstere sind, wenn auch sehr klein, doch bedeutend größer als letztere, welche man Elektronen genannt hat und elektronegative Ladung besitzen. Während alle Elektronen untereinander gleich sind, zeigen die Körperatome verschiedene Größe und Masse; aber auch die Elektronen besitzen eine, wenn auch außerordentlich kleine Masse, denn sonst könnte ihre Bewegung keine Arbeitsleistung hervorrufen. Während ein Wasserstoffatom — das kleinste Körperatom, das wir kennen — etwa 0,000 000 000 000 001 g wiegt, hat ein Elektron nur $^1/_{2000}$ dieses Gewichtes. Wahrscheinlich sind aber auch die positiv geladenen Körperatome selbst Anhäufungen von noch kleineren Massenpartikelchen, worauf ja der Zerfall der radioaktiven Elemente und ähnliches hindeuten.

Zwischen der gegenseitigen Anziehung von Elektronen und positiv geladenen Körperteilchen einerseits und der früher besprochenen Massenanziehung oder Gravitation besteht jedoch ein sehr durchgreifender Unterschied. Während nämlich zwei sich gegenseitig anziehende Massen auch noch auf andere Massen ihre Anziehung äußern, tritt zwischen Elektronen und positiven Atomen eine Art Sättigung ein, so daß sie, wenn sie sich in einer bestimmten, von der Natur der letzteren abhängenden Zahl vereinigt haben, auf andere keine elektrische Anziehung mehr äußern.

Da sich positive Körperteilchen und Elektronen gegenseitig anziehen, ist es begreiflich, daß beide zueinander in Wechselbeziehungen treten werden, die darin bestehen, daß sich die Elektronen in geschlossenen Bahnen — ähnlich, wie die Planeten um die Sonne — um die Atomkerne bewegen, wobei es merkwürdig ist, daß letztere (wie schon aus dem gerade oben Gesagten hervorgeht) nur eine — je nach ihrer Natur verschiedene — Höchstzahl von Elektronen an sich binden können. Unter gewissen Umständen werden mehr oder weniger von diesen die Atomkerne umkreisenden Elektronen abgespalten und lassen sich auf geeigneten Sammlern (Konduktoren) aufspeichern, die dann eine negative elektrische Ladung zeigen, während der zurückbleibende Körper, der hierbei ärmer an Elektronen geworden ist, positiv geladen erscheint.

Bei ihrer außerordentlichen Kleinheit können die so frei gewordenen Elektronen in die Zwischenräume zwischen den Atomen, bzw. den Molekülen eines Körpers leicht eintreten und — wenn andere Elektronen nachkommen, von diesen gedrängt — wieder fortwandern. Hierauf beruht die Elektrizitätsleitung. Immerhin geht auch diese Wanderung der Elektronen nicht ganz ohne Hindernis vonstatten, so daß sie in einem Körper sich leichter als in einem anderen fortbewegen können. Man spricht daher vom Leitvermögen und vom elektrischen Leitungswiderstand. Manche Körper setzen der Wanderung der Elektronen einen sehr großen Widerstand entgegen, weshalb man sie Nichtleiter oder Isolatoren genannt hat, während andere — wie namentlich die Metalle — gute Leiter der Elektrizität sind. Im allgemeinen erhöht sich der Leitungswiderstand guter Leiter (Metalle) mit steigender Temperatur, während jener der schlechten Leiter sich unter diesen Umständen verringert.

Wenn nun auch sehr schlechte Leiter (z. B. Luft, Glas usw.) die Elektronen unter gewöhnlichen Umständen so gut wie gar nicht passieren lassen, so wirkt ein elektrisch (positiv oder negativ) geladener Körper doch auf einen anderen, nicht geladenen Körper, von dem er durch einen Isolator getrennt ist, in der Weise ein, daß beispielsweise die Elektronen des ersten Körpers jene des zweiten, die sie abstoßen, auf die entgegengesetzte Seite desselben treiben, so daß die dem ersteren gegenüberliegende Seite desselben positiv, seine entgegengesetzte Seite hingegen negativ geladen erscheint. Durch eine zur Erde gehende Leitung kann man dann die auf letzterer Seite angesammelten Elektronen entfernen, und so entsteht dann zwischen beiden Körpern eine Spannung, die immer größer wird, je mehr Elektronen sich am ersten Körper sammeln, und endlich so anwächst, daß sie den Leitungswiderstand des dazwischenliegenden schlechten Leiters überwindet und durch eine blitzartige Entladung einen Ausgleich der Elektrizitäten hervorruft.

Neben der eben besprochenen Art der Elektrizitätsleitung tritt in geschmolzenen oder gelösten chemischen Verbindungen, wenn sie von einem Strom von Elektronen durchflossen werden, noch eine zweite Art der Leitung auf: die chemische Verbindung spaltet sich in einen positiv geladenen und einen zweiten, mit den zuströmenden Elektronen beladenen und daher negativ geladenen zweiten Teil, die man Ionen nennt. Bezeichnen wir die Elektronen beispielsweise mit $\ominus$, die Atome aber mit ihren chemischen Zeichen, so zerfällt verdünnte Salzsäure nach dem Schema:

$$HCl + \ominus = \overset{+}{H} + \overset{-}{Cl}\ominus;$$

ebenso zerfällt Kupfersulfat in

$$CuSO_4 + 2\ominus = \overset{++}{Cu} + \overset{--}{SO_4}\langle{}^{\ominus}_{\ominus}$$

usw. Bei diesen Vorgängen kann das Chloratom nur ein, die Atomgruppe SO_4 aber zwei, andere Atome oder Atomgruppen aber noch mehr Elektronen aufnehmen, worauf sich der chemische Valenz-Begriff bezieht[1]). Die eben erwähnte Spaltung tritt in Lösungen bei einer, je nach den Umständen mehr oder weniger großen Zahl der gelösten Moleküle von selbst ein; man bezeichnet

---

[1]) Man könnte sich den elektrolytischen Zerfall der Moleküle aber auch in anderer Weise vorstellen. Die Atome, aus welchen die Moleküle bestehen, ziehen sich allerdings gegenseitig nach dem Gravitationsgesetze an, was aber nicht erklärt, warum sie sich nur in ganz bestimmten Verhältnissen, also nicht in beliebiger Zahl, vereinigen können. Anderseits besteht zwischen denselben, da sie positiv geladen sind, auch Abstoßung, während die Elektronen sowohl elektrisch neutrale als positiv geladene Körper anziehen. Wir können uns daher die Elektronen auch als Bindeglied zwischen den einzelnen Atomen oder Atomgruppen eines Moleküls vorstellen, so z. B. in der Salzsäure $Cl\ominus H$, im Chlornatrium $Cl\ominus Na$, im Wasser $H\ominus O\ominus H$, in der Schwefelsäure $H\ominus SO_4\ominus H$ usw. Nach dieser Vorstellung würde daher die elektrolytische Dissoziation nichts anderes sein als ein Zerreißen der Atomkette in solcher Weise, daß das Elektron, welches die Bindung vermittelt, an der einen Bruchseite des Moleküls hängen bleibt, während an dem zweiten Bruchteile kein Elektron haftet.

Dazu wäre noch zu erwähnen, daß die Zahl dieser Bindelektronen zwischen gleichen Atomen oder Atomgruppen je nach Umständen verschieden sein kann. So hätten wir z. B. zwischen Eisen und Chlor entweder

$$Cl—\ominus—Fe—\ominus—Cl$$

oder

$$\begin{matrix} Cl\diagdown_{\ominus}\diagdown & & \diagup^{\ominus}\diagup Cl \\ & Fe & \\ & | & \\ & \ominus & \\ & | & \\ & Cl & \end{matrix}$$

zwischen Kupfer und Chlor:

$$Cu\ominus—Cl$$

oder

$$Cl—\ominus—Cu—\ominus—Cl, \text{ usw.}$$

Nach dieser Annahme müßten wir allerdings für das Elektron eine doppelte negative Ladung voraussetzen.

dieselbe als elektrolytische Dissoziation. Senkt man in diese Lösung jedoch zwei aus gutleitendem Material hergestellte Polplatten (Elektroden) und leitet mittels derselben einen elektrischen Strom durch die Lösung, so führt derselbe die elektronegativ geladenen Ionen (Anionen) gegen jene Elektrode, bei welcher die positive Elektrizität in dieselbe eintritt (Anode), die positiv geladenen Kationen aber gegen die negative Elektrode (Kathode). An der Anode werden die Elektronen sozusagen abfiltriert und gehen durch dieselbe und den Leiter an die Kathode. Der von den Elektronen befreite Rest des Anions wird an der Anode, ebenso wie das Kation an der Kathode zurückgehalten.

Senken wir nun in ein Gefäß mit angesäuertem Wasser ein Zink- und ein Platinblech so ein, daß sie sich in der Flüssigkeit nicht berühren, und verbinden sie außerhalb der Flüssigkeit mit einem Leitungsdraht, so löst sich das Zink in der Säure auf, und es entwickelt sich Wasserstoff, so als ob die Reaktion

$$Zn + H_2SO_4 = ZnSO_4 + H_2$$

einträte. In Wirklichkeit vollzieht sich der Vorgang jedoch etwas anders. Ein Teil der in unserer Flüssigkeit enthaltenen Schwefelsäure ist nämlich elektrolytisch dissoziiert:

$$H_2SO_4 + 2\ominus = 2\overset{+}{H}_2 + \overset{-}{SO}_4\ominus_2\,,$$

wobei allerdings keine Wasserstoffentwicklung eintritt, weil sich die beiden verschieden geladenen Ionen gegenseitig anziehen, also sozusagen binden. Kommt nun das $SO_4\ominus_2$-Ion mit dem Zink in Berührung, so zerfällt es; es entsteht Zinksulfat und die freiwerdenden Elektronen wandern durch den Draht zum Platinblech:

$$SO_4\ominus_2 + Zn = ZnSO_4 + 2\ominus\,.$$

Von dort treten sie wieder in die Flüssigkeit, wodurch neuerdings eine gewisse Menge Schwefelsäure in ihre Ionen gespalten, und so Wasserstoffionen frei werden, die sich zu Wasserstoffmolekülen vereinigen

$$\overset{+}{H} + \overset{+}{H} = \overset{+}{H}_2\,,$$

dadurch wird das Gleichgewicht der elektrischen Dissoziation gestört und es zerfällt neuerdings ein Teil der Schwefelsäure usw.

Bei den galvanischen Elementen ist also die Gewinnung von elektrischer Energie auf den Verlauf chemischer Vorgänge zurückzuführen, d. h. die elektrische Energie entsteht durch die Umwandlung chemischer Energie. Aber auch dort, wo elektrische Energie auf andere Weise gewonnen wird (z. B. durch Reibung, wie bei der gewöhnlichen Elektrisiermaschine, oder durch Erwärmung, wie bei den Thermoelementen) entsteht sie durch Umwandlung anderer Energieformen.

Wenn ein elektrischer Strom durch einen Leiter geht, wobei er den Leitungswiderstand zu überwinden hat, tritt eine Wärmeentwicklung ein, d. h. es wird eine gewisse Menge der elektrischen Energie zur Überwindung dieses

Widerstandes verbraucht und in Wärme umgewandelt. Ebenso kann der elektrische Strom aber auch chemische Arbeit leisten (bei der Elektrolyse) oder Licht- und magnetische Wirkungen hervorrufen.

Eine mit der elektrischen Energie in engem Zusammenhange stehende Energieform ist der Magnetismus, den wir praktisch in gar verschiedener Weise, wie in magnetischen Kranen, bei der Erzaufbereitung, der Telegraphie und Telephonie usw. benutzen.

Schon 1820 entdeckte der Däne *Hans Christian Örsted*, daß der elektrische Strom eine in der Nähe liegende Magnetnadel ablenkt. 1826 machte der englische Physiker *William Sturgeon* die Beobachtung, daß ein Stück weiches Eisen magnetisch wird, wenn man es mit einer Drahtspule umgibt, die von einem elektrischen Strom durchflossen wird; nach Stromunterbrechung wird es wieder unmagnetisch. Behandelt man hingegen einen Stahlstab in gleicher Weise, so bleibt derselbe auch nach der Stromunterbrechung magnetisch.

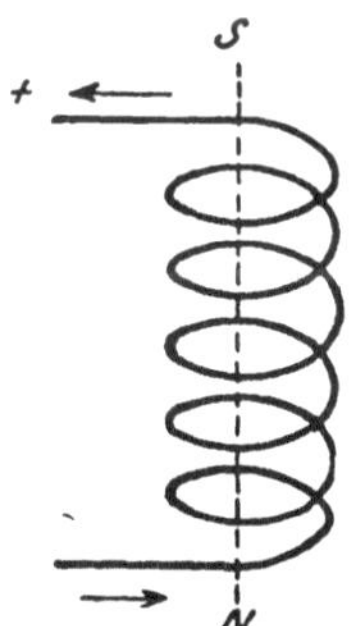

Fig. 1. Solenoid.

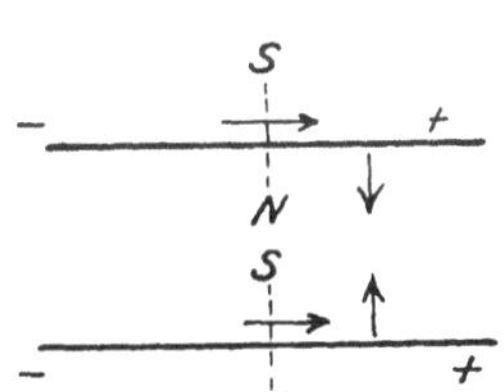

Fig. 2. Anziehung zweier Leiter mit gleichgerichtetem Strom.

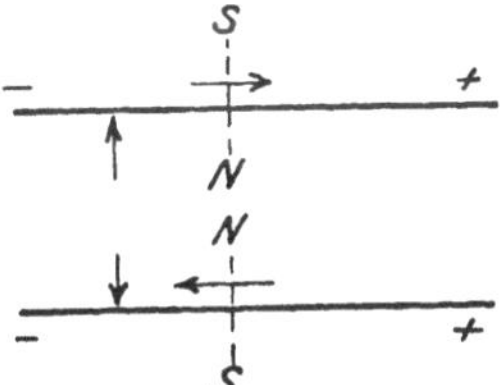

Fig. 3. Abstoßung zweier Leiter mit entgegengesetzter Stromrichtung.

Ebenso zeigt auch eine vom elektrischen Strom durchflossene Drahtspule (man nennt sie Solenoid) magnetische Eigenschaften, ohne daß ein Eisen- oder Stahlstab in derselben steckt. Somit tritt Magnetismus überall dort auf, wo elektrische Ströme — also nach dem früher Gesagten Elektronen — kreisen. Die Lage der magnetischen Pole läßt sich dann nach folgender Regel finden. Von der Bewegungsrichtung der Elektronen (d. h. von der Richtung, in welcher der negative elektrische Strom fließt) aus gesehen, liegt der magnetische Nordpol rechts, der Südpol aber links (Fig. 1), das erklärt auch, warum sich zwei nebeneinanderlaufende elektrische Ströme, wenn sie in derselben Richtung fließen, anziehen (Fig. 2), wenn sie aber in entgegengesetzter Richtung fließen, sich abstoßen (Fig. 3); denn im ersten Falle liegen nämlich ungleichnamige, im zweiten Falle aber gleichnamige Magnetpole einander gegenüber. In gleicher Weise ruft ein in der Leitung entstehender oder verschwindender Strom in einem benachbarten Leiter einen (Induktions-) Strom hervor.

Nun bestehen die Atome bzw. Moleküle nach unserer gegenwärtigen Anschauung aus einem positiv geladenen Kern, um welchen Elektronen — ähnlich wie die Planeten um die Sonne — kreisen. Jedes solche Atom ist also als ein Miniaturmagnet zu betrachten. Liegen die Elektronenbahnen der Atome eines Körpers nahezu in der gleichen Ebene, und haben sie auch die gleiche Bewegungsrichtung, so zeigt er auch als Ganzes magnetische Eigenschaften; ist dies hingegen nicht der Fall, so heben sich die magnetischen Wirkungen der Elementarmagnete gegenseitig auf.

Die Wirkung eines stromdurchflossenen Solenoids auf den Eisenkern läßt sich in der Weise erklären, daß der in der Drahtspule laufende Strom von Elektronen die um die einzelnen Atome kreisenden Elektronenbahnen so verschiebt, daß sie in eine Ebene fallen und im gleichen Sinne laufen. Wird der Solenoidstrom unterbrochen, so rücken diese Elektronenbahnen wieder in ihre ursprüngliche Lage zurück, und das Eisen verliert seinen Magnetismus. Hat man hingegen, statt des weichen Eisens, Stahl in dieser Weise magnetisiert, so bleibt er auch nach der Stromunterbrechung magnetisch, weil im Stahl stärkere Widerstände gegen die Rückverlegung der Elektronenbahnen vorhanden sind. Diese stärkeren Widerstände des Stahles äußern sich natürlich auch darin, daß er sich weit schwieriger und langsamer magnetisieren läßt als weiches Eisen.

Umgekehrt ruft in analoger Weise ein Magnet, wenn er sich einem Leiter nähert bzw. von ihm entfernt, oder ein Eisenstück, wenn es magnetisch wird oder seinen Magnetismus verliert, in einem benachbarten Leiter einen elektrischen Strom hervor.

Die strahlende Energie, welche wir nun kurz besprechen wollen, tritt in drei Hauptformen auf, und zwar:

a) Kathoden- oder β-Strahlen. Sie entstehen, wenn man einen elektrischen Strom von genügender Spannung in einer luftleeren Röhre von einem Leiter zu einem anderen überspringen läßt. Sie sind nichts anderes als bewegte Elektronen, also nur ein durch den leeren Raum geführter elektrischer Strom. Im leeren Raum bewegen sich die Elektronen geradlinig fort, werden aber unter elektrischen oder magnetischen Einwirkungen zufolge der zwischen Elektronen herrschenden abstoßenden Kräfte abgelenkt; in Gasen hingegen werden sie rasch zerstreut. Wenn sie auf Glas, Krystalle usw. stoßen, rufen sie lebhafte Fluorescenzerscheinungen hervor, wobei sich ein Teil ihrer Energie in Licht, ein anderer Teil aber in Wärme umsetzt. Bei den Metallen hingegen rufen sie hauptsächlich Wärmewirkungen hervor. Sie sind auf photographischen Platten auch chemisch wirksam und machen Luft durch Ionisation leitend. Ihre Geschwindigkeit wächst, und zwar im quadratischen Verhältnis mit der elektrischen Spannung (dem Potentialgefälle): Sie beträgt bei 10000 Volt Spannung etwa $0{,}6 \cdot 10^{10}$ cm, bei 3000 Volt Spannung aber nur ungefähr $0{,}3 \cdot 10^{10}$ cm und bei 110 Volt Spannung gar nur $6 \cdot 10^{8}$ cm in der Sekunde.

Auch beim Zerfall radioaktiver Elemente können Kathodenstrahlen (die dann als β-Strahlen bezeichnet werden) auftreten.

b) Kanalstrahlen oder α-Strahlen[1]) sind positiv elektrisch geladene — also elektronenarme — materielle Teilchen. Sie bewegen sich in entgegengesetzter Richtung wie die Kathodenstrahlen, weshalb in der Vakuumröhre, um ihnen den Weg freizumachen, Kanäle angebracht sind, woher ihr Name rührt. Auch sie bewegen sich geradlinig fort und werden unter elektrischen oder magnetischen Einflüssen (entsprechend ihrer positiven Ladung) nach der entgegengesetzten Seite, wie die Kathodenstrahlen, abgelenkt. War die Röhre mit Wasserstoff gefüllt, so bestehen sie aus Wasserstoffionen, wenn sie mit Quecksilberdampf gefüllt war, aus Quecksilberionen usw. Die Geschwindigkeit der Kanalstrahlen ist — zufolge der gegenüber den Elektronen bedeutend größeren Masse der materiellen Ionen — weit kleiner, als jene der Kathodenstrahlen. Die Kanalstrahlen senden ein eigenes Licht aus, das je nach der Natur der Ionen, welche sie bilden, verschieden sein kann.

Beim Zerfall radioaktiver Elemente entsteht neben der Elektronen- (also β-) Strahlung auch eine α-Strahlung, die ebenso, wie die Kanalstrahlen, aus positiv geladenen Teilchen, und zwar aus Wasserstoff- oder Heliumatomen bestehen. Auch die Geschwindigkeit der Kanalstrahlen ist von der Stromspannung abhängig, aber — entsprechend der größeren Masse der bewegten Teile — erheblich kleiner, als jene der Kathodenstrahlen. Während sie bei 3000 Volt Spannung für Kathodenstrahlen etwa 10^{10} cm/sek beträgt, ist jene der Kanalstrahlen nur $2 \cdot 10^8$ cm/sek. Hingegen ist die Geschwindigkeit der α-Strahlen beim Zerfall von Radium $2 \cdot 10^9$ cm/sek, also rund zehnmal so groß wie jene der Kanalstrahlen bei 3000 Volt Spannung; ein Beweis, daß die beim Zerfall des Radiums freiwerdende Energie ganz bedeutend größer sein muß, als die obiger Stromspannung entsprechende[2]).

c) Eine dritte Art der Strahlen (wie beispielsweise die Licht- und Wärmestrahlen) entstehen durch Transversalschwingungen eines außerordentlich dünnen Mediums, das man Lichtäther genannt hat, und das überall vorhanden ist; eine Annahme, die sich darauf stützt, daß ein Lichtstrahl selbst durch den luftleeren Raum hindurchzudringen vermag. Die Geschwindigkeit, mit welcher sich diese Schwingungen fortpflanzen, ist eine ganz außerordentlich große, im leeren Raum (d. i. nach unserer Annahme im reinen Äther) rund 300 000 km

[1]) Sie haben, als materielle Schwingungen, einige Ähnlichkeit mit den Wellenbewegungen des Wassers und den Schallwellen, auf die wir hier nicht näher eingehen können. Interessant ist übrigens, daß wir von den Schallwellen nur solche mit 16 000 bis 40 000 Schwingungen in der Sekunde mit dem Ohr wahrnehmen können, während (wie der Amerikaner Professor *Wood* gezeigt hat) derartige Wellen von 100 000 bis 300 000 Schwingungen (3 bis 10 mm Wellenlänge) zwar unhörbar sind, aber das umgebende Mittel (Luft, Wasser) erwärmen. In der Hand spürt man, wenn sie unter Wasser von solchen Wellen getroffen wird, Wärme und ein lebhaftes Prickeln. Im Wasser vorhandene Mikroorganismen, auch Fische, Würmer usw. werden in kürzester Zeit getötet. Möglicherweise kann die hierdurch eintretende Blutzirkulation in Zukunft zu Heilzwecken Verwendung finden (Gicht und andere Gelenkskrankheiten).

[2]) Da das Helium das Atomgewicht 4 hat, muß sie 400 mal so groß sein. Ähnliches gilt auch von den Kathoden- und β-Strahlen; erstere haben $^1/_3$ bis $^1/_2$ der Lichtgeschwindigkeit, letztere eine fast ebenso große.

in der Sekunde, während jene des Schalles in der Luft 0,33 km, in Eisen und Glas aber 5 km beträgt. Diese enorme Geschwindigkeit des Lichtes beweist, daß die Elastizität des Lichtäthers eine sehr große, seine Dichte aber ungemein klein sein muß[1]). Er leitet die Elektrizität nicht, ist aber — da er überall im Weltraum vorhanden ist — der Überträger der Licht- und Wärmewellen durch den Raum. Bei jeder Wellenbewegung unterscheidet man die Wellenlänge (λ) und die Schwingungszahl (N), deren Produkt $N \cdot \lambda = c$ die Fortpflanzungsgeschwindigkeit gibt. Je nach den Wellenlängen unterscheidet man folgende Arten von Wellenstrahlungen des Äthers[2]):

γ-Strahlen mit den kleinsten Wellenlängen.

Röntgenstrahlen mit sehr kleinen Wellenlängen ($\lambda \cong 0{,}1 \cdot 10^{-6}$ mm) entstehen beim Auftreffen von Kathodenstrahlen auf Glas usw. Sie sind dem Auge nicht sichtbar, wirken aber auf die photographische Platte.

Ultraviolettes Licht $\lambda = 100 \cdot 10^{-6}$ mm bis $360 \cdot 10^{-6}$ mm, dem Auge nicht sichtbar.

---

1) Für jede Art der Wellenbewegung ist die Fortpflanzungsgeschwindigkeit

$$c = \sqrt{\frac{E}{d}},$$

worin E die Elastizität und d die Dichte des schwingenden Mediums bedeutet. Vom eigentlichen Wesen des Äthers können wir uns keinerlei Vorstellung machen, ebensowenig woher seine große Elastizität stammt. — *W. Nernst* hat (Verhandl. der Ges. deutscher Naturforscher und Ärzte, 1912 und „Das Weltgebäude im Lichte der modernen Forschung", Berlin 1921, S. 4) die Vermutung ausgesprochen, daß der Äther das letzte Zerfallsprodukt der Atome sein könne.

2) *E. Brummer* (Gesetzmäßigkeit in den Wirkungen der elektromagnetischen Wellen, Zeitschr. f. Elektrochemie Bd. 32, S. 7, 1926) gibt folgende teilweise abweichenden Grenzwerte der Wellenlängen:

Elektrische Wellen $\lambda = \infty$ bis $1{,}0 \cdot 10^{-2}$ cm (*G. Arkadiewa*, Z. Ph. 153, 1924).

Ultrarote Strahlen $\lambda = 4{,}0 \cdot 10^{-2}$ cm (*Rubens*, B. B. 8 bis 27, 1921) bis $7{,}7 \cdot 10^{-5}$ cm.

Sichtbare Strahlen $7{,}7 \cdot 10^{-5}$ bis $3{,}6 \cdot 10^{-5}$ cm.

Ultraviolette Strahlen $3{,}6 \cdot 10^{-5}$ bis $1{,}44 \cdot 10^{-6}$ cm (*R. Millikan* in *M. Siegbahn*, „Spektren der Röntgenstrahlen" 227, 1924).

Röntgenstrahlen $4{,}93 \cdot 10^{-6}$ cm (*E. Hollweck* in *Grätz*, Handb. d. Elektr. und Magn. III, 953, 1923) bis $5{,}7 \cdot 10^{-10}$ cm (*Dessauer* und *Back*, an gleicher Stelle S. 960).

Gammastrahlen $9{,}82 \cdot 10^{-10}$ cm (*Rutherford* und *Audrade*, an gleicher Stelle S. 61) bis $3{,}54 \cdot 10^{-10}$ cm (*C. D. Ellis* in *L. Meitner*, Zusammenhang zwischen β- und γ-Strahlen, Ergebnisse der ex. Naturwissensch. III, 170, 1924).

Millikan-Strahlen (die übrigens schon lange vor *Millikan* [1912] in Europa bei Ballonhochfahrten nachgewiesen wurden und in ihren Eigenschaften erforscht waren) 0,000 000 0004 bis 0,000 000 0007 mm Wellenlänge (nach dem Entdecker benannt), in letzter Zeit besonders von dem deutschen Physiker *Kolhörster* studiert, haben außerordentlich großes Durchdringungsvermögen, da sie noch durch eine 1,8 m dicke Bleischicht dringen, während die härtesten Röntgenstrahlen nur eine 1 cm dicke Schicht zu durchdringen vermögen. Sie schießen im Weltraume nach allen Richtungen umher und würden alle organischen Gewebe zerstören, wenn sie sich nicht beim Auftreffen auf Moleküle (z. B. in der Luft) in Strahlen von größter Wellenlänge umwandeln würden.

Violettes Licht.	$\lambda = 360 \cdot 10^{-6}$ bis $424 \cdot 10^{-6}$ mm	dem Auge sichtbar
Blaues Licht	$\lambda = 424 \cdot 10^{-6}$ „ $492 \cdot 10^{-6}$ „	
Grünes Licht	$\lambda = 492 \cdot 10^{-6}$ „ $535 \cdot 10^{-6}$ „	
Gelbes Licht	$\lambda = 535 \cdot 10^{-6}$ „ $586 \cdot 10^{-6}$ „	
Gelbrotes Licht (Orange)	$\lambda = 586 \cdot 10^{-6}$ „ $647 \cdot 10^{-6}$ „	
Rotes Licht.	$\lambda = 647 \cdot 10^{-6}$ „ $810 \cdot 10^{-6}$ „	

Ultrarotes Licht (Wärmestrahlen) $\lambda = 810 \cdot 10^{-6}$ bis $61{,}100 \cdot 10^{-6}$ mm, dem Auge nicht sichtbar.

Hertzsche oder elektrische Strahlen $\lambda = 4$ mm bis 2 km.

Wir haben oben gesehen, daß sich die Wellenbewegung des Äthers im leeren Raum mit einer Geschwindigkeit von etwa 300 000 km in der Sekunde fortpflanzt. Bei einem mit Materie erfüllten Raum aber, also in einem durch Stoffteilchen verdünnten Äther, erleidet diese Fortpflanzungsgeschwindigkeit eine Verzögerung, auf welcher die Lichtbrechung sowie Dispersion (Farbenzerstreuung) des Lichtes beruht. Trifft nämlich ein (monochromatischer) Lichtstrahl (Fig. 4) unter dem Winkel α gegen das Einfallslot auf die Trennungsebene zweier Medien, so wird er im zweiten Medium abgelenkt, d. h. er bewegt sich jetzt in einer anderen Richtung, deren Neigungswinkel gegen das Einfallslot β sein möge, weiter. Das Verhältnis $\frac{\sin \alpha}{\sin \beta} = n$ heißt Brechungskoeffizient und ist ebenso groß wie das Verhältnis der Lichtgeschwindigkeiten in beiden Medien: $n = \frac{c_a}{c_b}$; die Größe dieses Brechungskoeffizienten ist nun nicht allein von der Natur der beiden Medien, sondern auch von der Wellenlänge der verschiedenen Lichtstrahlen abhängig, und zwar wächst n mit abnehmender Wellenlänge.

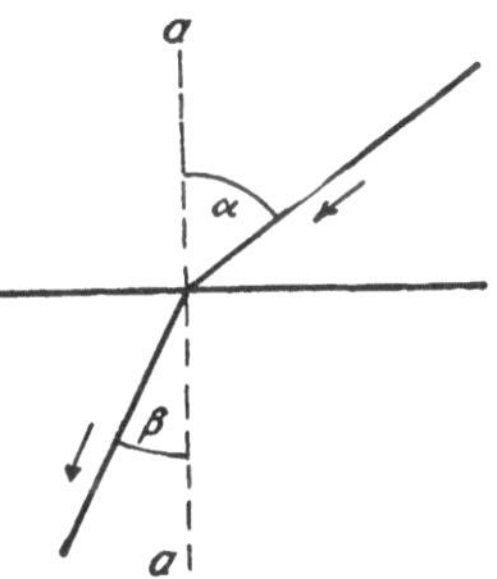

Fig. 4. Lichtbrechung.

Während nun die Transversalschwingungen des Äthers im allgemeinen in den verschiedensten Ebenen verlaufen, können wir durch Anwendung gewisser Mittel jene von den übrigen trennen, die ganz bestimmte Schwingungsebenen besitzen. Solches Licht nennt man polarisiert.

Wenn Ätherwellen durch einen Körper hindurchgehen, so wird ein Teil ihrer Energie auf Arbeitsleistungen in diesen Körpern verbraucht, d. h. in andere Energieformen übergeführt, oder wie man sagt, absorbiert.

Andererseits wird jeder Körper, der Ätherwellen aussendet, was ja nur unter Aufwand eines Teiles der in demselben vorhandenen Energie geschehen kann, einen Energieverlust erleiden. Da dies in Form von Bewegungsenergie geschieht, die ja bekanntlich gleich dem halben Produkte aus der Masse und dem Quadrate der Geschwindigkeit ist, wobei die Fortpflanzungsgeschwindigkeit des Lichtes c (= 300 000 km/sek) in Rechnung zu bringen wäre, können wir diesen dem Energieverlust entsprechenden Massenverlust leicht berechnen[1]).

Die chemische Energie beruht auf der chemischen Verwandtschaft oder Affinität, d. i. der Anziehung, welche verschiedene Atome aufeinander ausüben. So wird beispielsweise Wasser (H_2O) durch das Metallkathion Kalium (K) in Wasserstoff und Ätzkali (HOK) umgewandelt:

$$2\,H_2O + 2\,K = H_2 + 2\,KOH,$$

weil die Affinität zwischen K und OH größer ist als zwischen H und OH im Wasser. Wasserstoff und Sauerstoff (Knallgas) verbinden sich sehr leicht zu Wasser

$$2\,H_2 + O_2 = 2\,H_2O\,,$$

weil die Verwandtschaft zwischen H_2 und O größer ist als jene zwischen 2 Atomen Sauerstoff im Molekül O_2 usw.

Alles, was die Entfernung der ein Molekül bildenden Atome voneinander vergrößert — also namentlich Erwärmung —, muß die Affinität zwischen denselben verringern, was zur Selbstzersetzung (Dissoziation) der betreffenden Verbindungen führen kann. So zerfällt beispielsweise Chlorammonium (NH_4Cl) beim Verdampfen in Ammoniak und Salzsäure:

$$NH_4Cl = NH_3 + HCl\,.$$

In diesem Falle reicht die Erwärmung hin, die Affinität zwischen NH_3 und HCl zu überwinden, ist aber nicht hinreichend, um NH_3 und HCl in ihre Bestandteile zu zerlegen.

Die chemische Energie wird in der Technik zur Gewinnung wertvoller Produkte praktisch ausgenutzt. So z. B. bei der Herstellung von Calciumcarbid (CaC_2), das durch Erhitzen eines Gemenges von Kalk und Kohle gewonnen:

$$CaO + 3\,C = CaC_2 + CO$$

und zur Herstellung von Acetylen, C_2H_2, benutzt wird:

$$CaC_2 + H_2O = CaO + C_2H_2\,,$$

welches Gas als Licht- und Kraftquelle Verwendung findet.

Hier muß auch noch auf die Katalysatoren hingewiesen werden, welche einerseits beschleunigend (positive Katalysatoren), andererseits aber verzögernd (negative Katalysatoren) auf chemische Vorgänge einwirken und in der Praxis Verwendung finden, um eine an und für sich sehr

[1]) Es wird dies gewöhnlich (nach *Einstein*) als Massenverlust eines Energie abgebenden Körpers bezeichnet; doch kann man die Sache auch so auffassen, daß die Masse konstant bleibt und nur ihre Geschwindigkeit sich verringert, wodurch eben eine Abnahme der Energie des Körpers um den betreffenden Betrag eintritt. Nach dieser Auffassung kann ein Massenverlust nur dann eintreten, wenn eine materielle Strahlung (α oder β-Strahlung), die mit dem Austritt von Elektronen oder von Emanation (α-Stahlen) verbunden ist, eintritt.

langsam verlaufende Reaktion zu beschleunigen, so daß sie industriell durchführbar wird, oder umgekehrt. So wird Platinasbest zur Herstellung von Schwefelsäure aus schwefliger Säure und Luftsauerstoff nach dem Kontaktverfahren oder ein Kupfersalz bei der Gewinnung von Chlor aus Salzsäure und Luftsauerstoff nach dem Deaconverfahren verwendet.

Die chemische Energie setzt sich sehr leicht in Wärmeenergie um, worauf die Verwendung unserer Brennstoffe als Wärmequellen beruht, indem die Affinität ihrer Bestandteile zum Sauerstoff größer ist als untereinander.

Eine ganz eigentümliche Erscheinung zeigen die sog. radioaktiven Elemente, die sich von selbst unter Abscheidung von α- und β-Strahlen in andere Elemente von kleinerem Atomgewicht umwandeln.

Bevor wir hierauf näher eingehen, möge noch mitgeteilt werden, wie sich nach den heutigen Anschauungen die Welt aufbaut. Hiernach unterscheidet man drei Arten von kleinsten Teilchen:

1. Massenteilchen, die sich gegenseitig nach dem Gravitationsgesetze anziehen, aber elektrisch positiv geladen sind und daher von den negativ geladenen Elektronen angezogen werden, während sie sich nach den Lehren der Elektrizität abstoßen. Um den Widerspruch zu erklären, der in der gleichzeitigen Massenanziehung und der elektrischen Abstoßung derselben liegt, muß man annehmen, daß die elektrische Abstoßung nur auf kurze Distanzen wirksam ist, während die Gravitation sich auf die weitesten Distanzen merkbar macht[1]).

2. Elektronen sind weit kleinere, negativ elektrische Partikelchen, die sich gegenseitig abstoßen, von den positiv geladenen Massenteilchen aber angezogen werden. Auch ihnen muß Masse zugeschrieben werden, aber eine viel kleinere als dem kleinsten positiven Massenteilchen (dem Wasserstoffatom).

3. Der Äther, dessen kleinste Teilchen überall, sowohl im leeren Raum wie in allen Körpern, vorhanden sind. Seine Schwingungen erscheinen uns in den oben besprochenen verschiedenen Formen der strahlenden Energie. Da nun auch diese Energieformen Arbeit zu leisten vermögen, und da dieselbe als Schwingungsenergie Bewegungsenergie sein muß, läßt sich voraussetzen, daß auch die Ätherteilchen Masse besitzen, die aber noch viel kleiner sein muß, als jene der Elektronen[2]).

Nach den gewöhnlichen Anschauungen bilden die untereinander verschiedenen Massenteilchen die Atome, welche die einzelnen Stoffe (Elemente) aufbauen, doch bestehen dieselben wahrscheinlich selbst wieder aus einer An-

[1]) Um dieser Annahme gerecht zu werden, müßte man für die zwischen zwei Massen wirkenden Kräfte statt der Gleichung (8) einen Ausdruck von der Form

$$K = f \cdot \frac{M \cdot m}{(r^2 - r_0^2)}$$

oder ähnlich wählen, in welchem r_0 die Entfernung der beiden Massenpunkte bedeutet, bei welcher der Übergang von der Anziehung zur Abstoßung eintritt.

[2]) Sollten die Ätherteilchen massenlos sein, so müßte man annehmen, daß sie punktförmige Träger einer noch unbekannten Energieform seien.

häufung von noch kleineren, untereinander völlig gleichartigen Elementarteilchen[1]). Hiernach sind die Atome von sehr verschiedener Art, während die Elektronen untereinander völlig gleich sind.

Innerhalb der Atome bewegen sich Elektronen in gewissen Bahnen, während sie außen — ähnlich wie die Sonne von den Planeten — von Elektronen umkreist werden.

So kann man sich nach *Nils Bohr*[2]) das neutrale Wasserstoffatom (Fig. 5) als ein positiv geladenes Wasserstoffatom ($\overset{+}{H}$) und ein um dasselbe kreisendes Elektron ($\bar{e}$) vorstellen. Verschwindet das Elektron, so bleibt das Wasserstoffion übrig, das nunmehr nur aus dem positiv geladenen Atomkern ($\overset{+}{H}$) besteht.

Für das Heliumatom hat *Nils Bohr* einen doppelt positiv geladenen Atomkern (× in Fig. 6) angenommen, um welchen in der gleichen Bahn zwei Elektronen ($\bar{e}$) kreisen, die stets diametral angeordnet sind. Doch spricht das

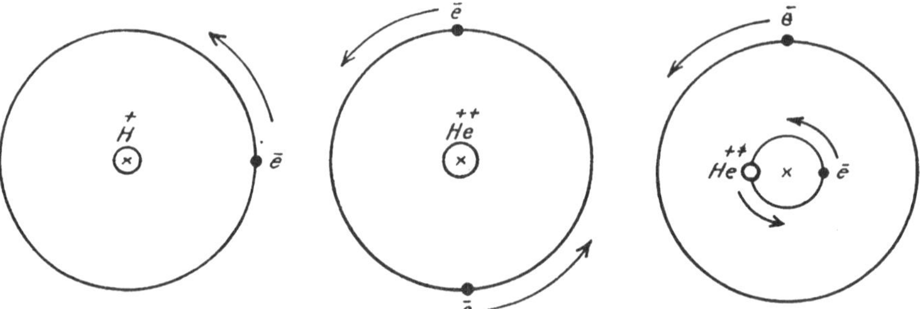

Fig. 5. Modell des Wasserstoffatoms nach *Bohr*.

Fig. 6. Modell des Heliumatoms nach *Bohr*.

Fig. 7. Anderes Modell des Heliumatoms.

Verhalten des Heliumgases bei der gewöhnlichen Lichtbrechung mehr dafür, daß sein Atom (Fig. 7) aus dem Heliumkern (×) und einem Elektron ($\bar{e}$) bestehe, welche nach Art eines Doppelsternes sich um ihren gemeinsamen Schwerpunkt bewegen und gemeinsam noch von einem zweiten Elektron umkreist werden. Das Heliumion dagegen besteht nur aus dem zweifach geladenen Heliumkern, der von einem einzigen Elektron umkreist wird. Verliert das Heliumatom auch noch dieses zweite Elektron, so ist es doppelt ionisiert und bildet dann ein α-Strahlenteilchen.

Das Lithiumatom besteht aus einem dreifach positiv geladenen Atomkern und drei Elektronen, deren eines wahrscheinlich in einer weiteren Entfernung um den Kern kreist, während die beiden anderen in größerer Nähe des Kerns mit diesem in engerer Verbindung stehen.

---

[1]) Nach *Nernst* („Das Weltgebäude im Lichte der neueren Forschung") können die Massenpartikelchen, ebenso wie die Elektronen, aus einer Anhäufung von Ätherpartikelchen aufgebaut sein, so daß es überhaupt keine Stoff-, sondern nur Energieatome gäbe, aus welchen die ganze Welt besteht.

[2]) Phil. Mag. **26**, 1, 476, 537 (1913).

Mit wachsendem Atomgewichte werden die Verhältnisse immer verwickelter. So muß das Stickstoffatom außer dem positiven Kern sieben, das Sauerstoffatom acht, das Uranatom aber 92 Elektronen besitzen.

Für das Wasserstoffmolekül gibt *Bohr* das, allerdings von mancher Seite angezweifelte, Bild (Fig. 8), nach welchem die beiden im Abstand $2\,b$ voneinander entfernten Wasserstoffkerne von zwei im Abstande a von dem Schwerpunkt dieser beiden Kerne befindlichen Elektronen (e, e) umkreist werden. Ähnlich sind die Modelle für das Sauerstoff- und Stickstoffmolekül (Fig. 9 und 10).

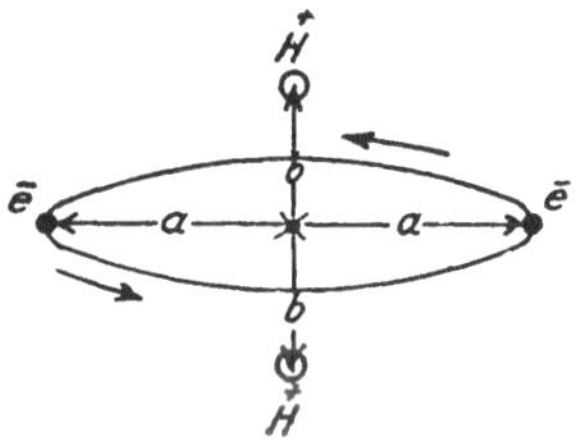

Fig. 8. Modell des Wasserstoffmoleküls nach *Bohr*.

Während man früher annahm, daß die kleinste auf eine gegebene Masse einwirkende Kraft imstande sei, die kinetische Energie seiner Bewegung zu ändern, kam *M. Planck* auf Grund seiner Studien über die Wärmestrahlung[1]) zur Annahme sog. Energiequanten, nach welchen die Schwingungsenergien aller Art nur durch Aufnahme bestimmter Energiequanten, also nicht kontinuierlich, sondern nur um ganze Vielfache eines Energiequantums vergrößert oder verringert werden können. Dieses auf die Schwingung eines einzelnen Atoms bezogene Energiequantum ε ist der Schwingungszahl ν desselben proportional, wobei $\nu = \frac{1}{\tau}$ der reziproke Wert der Schwingungsdauer ist. Nach *Planck* ist

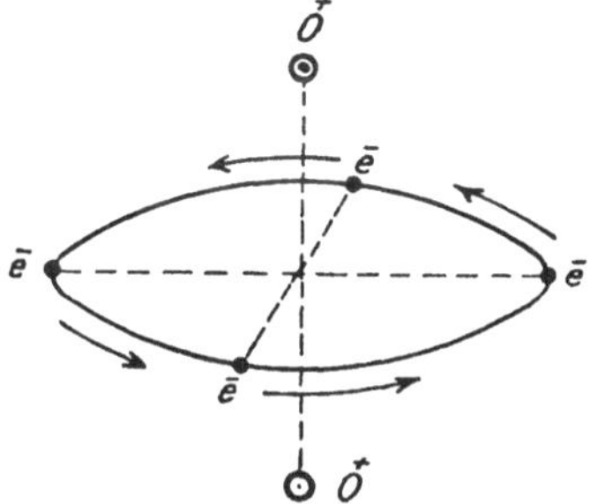

Fig. 9. Modell des Sauerstoffmoleküls.

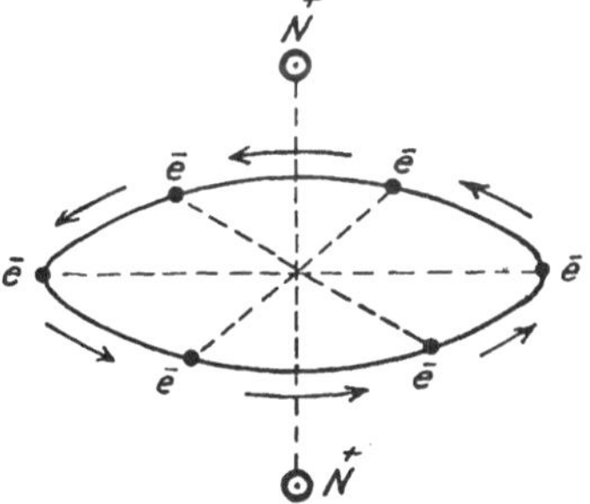

Fig. 10. Modell des Stickstoffmoleküls.

$$\varepsilon = h \cdot \nu = \frac{h}{\tau}, \tag{9}$$

ein Ausdruck, in welchem h eine universelle Weltkonstante darstellt, deren Bedeutung sich aus obiger Gleichung zu

$$h = \varepsilon\,\tau \tag{10}$$

[1]) D. phys. Ges., 14. Dez. 1900.

als ein Produkt aus Energie und Zeit ergibt. Da man in der Physik dieses Produkt als Wirkung bezeichnet, stellt h das elementare Wirkungsquantum dar, also die kleinste Wirkung, die auf ein Atom ausgeübt werden kann.

Handelt es sich nicht um Schwingungen, sondern z. B. um geradlinige Bewegungen, so müssen wir die Schwingungsdauer $\tau = \infty$ setzen, und erhalten dann $h = o$, d. h. bei derartigen Bewegungen findet kontinuierliche Energieaufnahme statt.

Die Größe von h hat *Planck* aus Strahlungsmessungen zu

$$h \doteq 6{,}55 \cdot 10^{-27}\ \text{erg/sek}$$

bestimmt.

Schon früher hatten verschiedene Forscher versucht, eine Theorie der Verteilung der verschiedenen Ätherwellen aufzustellen, und *Planck* selbst hatte eine solche gegeben, welche mit den damals bekannten Wellenmessungen in ziemlich guter Übereinstimmung stand. Spätere Messungen wiesen jedoch ziemlich beträchtliche Abweichungen dieser Theorie nach, so daß *Planck* seine frühere Theorie fallen ließ und zu einer neuen griff.

Er stellte sich vor, daß das Licht aus unteilbaren kleinsten Teilchen bestehe, die man durch Lichtbrechung nicht weiter zerlegen kann, und die er Quanten nannte. Die Größe dieser Quanten ist je nach der Wellenlänge verschieden; je kürzer die Wellenlänge, desto größer ist die Quante der Energie. Er kam so zu der oben erwähnten Weltkonstanten h, die heute als *Planck*sche Zahl bezeichnet wird (1901).

Eine weitere wichtige Ausgestaltung erfuhr die Quantentheorie auf einem derselben ganz fern stehenden Gebiete. Schon *Lenard* hatte gezeigt, daß in den Atomen der leere Raum vorwaltet und darin nur äußerst kleine materielle Teilchen vorhanden sind, und das Studium der radioaktiven Elemente drängte zu der Annahme, daß die Atome — ähnlich wie das Sonnensystem — aus einem positiv geladenen Kern und aus negativ geladenen Teilchen (Elektronen) bestehen, die um ersteren kreisen. Da man früher annahm, daß infolge einer derartigen Elektronenbewegung Strahlungserscheinungen auftreten müssen, hätten alle Körper unter allen Umständen Strahlen aussenden müssen (was in Wirklichkeit nicht der Fall ist). Diese Emission von Strahlen hätte aber den Energieinhalt der Atome verringern, die Umlaufszeit der Elektronen verlangsamen und schließlich zur Selbstzerstörung aller Körper führen müssen.

Im Grunde genommen sagt Gleichung (9) nichts anderes aus, als daß sich bei ein und demselben Atom die Schwingungszahl proportional, die Schwingungsdauer aber verkehrt proportional der Energie ändern wird. Hieraus würde sich noch immer keine Notwendigkeit ergeben, eine quantenweise Energieaufnahme oder -abgabe vorauszusetzen. Um jedoch den beobachteten Tatsachen gerecht zu werden, hat *Bohr* 1913 zu der Hypothese gegriffen, daß derartige Schwingungen bzw. Umlaufbewegungen, wie sie die Atome in festen Körpern oder die Elektronen um die Atomkerne ausführen, nur bei gewissen Schwingungszahlen stationären Charakter haben, wenn uns auch heute die Ursache dieser Stabilität gewisser Bahnen noch unbekannt ist.

Die Ätherschwingungen, welche wir als Wärme, Licht usw. kennengelernt haben, werden durch die Bewegung der Elektronen angeregt, aber nur dann, wenn das Elektron aus einem stationären Zustand in einen anderen, ebensolchen übergeht, ein Übergang, der immer nur unter Aufwand oder Freiwerden von Energie möglich ist. Die Größe dieser Energieänderung wächst nach Gleichung (9) mit abnehmender Schwingungsdauer oder mit wachsender Schwingungszahl und umgekehrt.

Nach *Bohr* sind bei Bewegung einer Masse um eine andere die (kreisförmig gedachten) stabilen Bahnen durch die Zahl der Energiequanten bestimmt. Bezeichnet a_1, a_2, . . . a_n die den Energiequanten 1, 2, . . .n entsprechenden Bahnhalbmesser, so ist

$$a_1 : a_2 : \ldots a_n = 1^2 : 2^2 : \ldots n^2 ,$$

so daß allgemein gilt

$$a_n = a_1 \cdot n^2 , \tag{11}$$

und ähnlich verhalten sich die Umlaufzeiten τ:

$$\tau_1 : \tau_2 : \ldots \tau_n = 1^3 : 2^3 : \ldots n^3 ,$$

so daß

$$\tau_n = n^3 \tau_1 \tag{12}$$

wird.

Ebenso wie alle Rotationsvorgänge sind auch die Bewegungen der Planeten bzw. Satelliten um ihre Zentralkörper als Schwingungen aufzufassen, und tatsächlich stimmen die oben besprochenenen Gesetze auch mit den Bewegungen der Weltkörper wenigstens annähernd überein.

So gibt *Sommerfeld*[1]) für die Planetenbahnen folgende Zusammenstellung der mittleren Entfernungen von der Sonne:

Planet	Angenäherte Werte	WahrerWert in Millionen geographischen Meilen
Merkur	8 = 8	7,5
Venus	8 + 1 · 6 = 14	14,49
Erde	8 + 2 · 6 = 20	20,025
Mars	8 + 4 · 6 = 32	30,52
Asteroiden	?	?
Jupiter	8 + 16 · 6 = 104	104,21
Saturn	8 + 32 · 6 = 200	191,05
Uranus	8 + 64 · 6 = 392	384,45
Neptun	8 + 96 · 6 = 584	602,28

Die Asteroiden bilden eine Lücke, und bei Neptun weichen die berechneten Werte von den wirklichen ziemlich stark ab.

In ähnlicher Weise kann man auch die mittlere Entfernung der Satelliten von ihren Zentralkörpern (in Halbmessern der Erdbahn gemessen) zerlegen, wobei man erhält:

[1]) Atombau und Spektrallinien, 2. Aufl.

a) Jupitermonde

Name der Monde	Berechnet	Wahrer Wert
I	$0{,}0028 = 0{,}0028$	0,002819
II	$0{,}0028 + 1 \cdot 0{,}0018 = 0{,}0046$	0,004483
III	$0{,}0028 + 2 \cdot 0{,}0018 = 0{,}0064$	0,007155
IV	$0{,}0028 + 4 \cdot 0{,}0018 = 0{,}0100$	0,012585

b) Saturnmonde

Name der Monde	Berechnet	Wahrer Wert
1. Mimas	$0{,}0012 = 0{,}0012$	0,00124
2. Enceladus	$0{,}0012 + 1 \cdot 0{,}003 = 0{,}0015$	0,00159
3. Tethys	$0{,}0012 + 2 \cdot 0{,}003 = 0{,}0018$	0,00197
4. Dione	$0{,}0012 + 4 \cdot 0{,}003 = 0{,}0024$	0,00254
5. Rhea	$0{,}0012 + 8 \cdot 0{,}003 = 0{,}0036$	0,00352
6. Titan	$0{,}0012 + 16 \cdot 0{,}003 = 0{,}0060$(?)	0,00817
7. Hyperion	$0{,}0012 + 32 \cdot 0{,}003 = 0{,}0098$	0,00989
8. Japetus	$0{,}0012 + 64 \cdot 0{,}003 = 0{,}0204$	0,02380

c) Uranusmonde

Name der Monde	Berechnet	Wahrer Wert
1. Ariel	$0{,}0013 = 0{,}0013$	0,00128
2. Umbriel	$0{,}0013 + 1 \cdot 0{,}0006 = 0{,}0019$	0,00179
3. Titania	$0{,}0013 + 2 \cdot 0{,}0006 = 0{,}0025$	0,00293
4. Oberon	$0{,}0013 + 9 \cdot 0{,}0006 = 0{,}0037$	0,00392

Während den vorstehenden Berechnungen der mittleren Entfernungen die Gleichung $a_n = a + 2^n \cdot \beta$ zugrunde liegt, kann man auch die oben gegebene Gleichung $a_n = a_1 \cdot n^2$ heranziehen und erhält so für die Planetenbahnen:

$$a_n = n^2 \cdot 0{,}84$$

folgende Werte:

Planeten	$n =$	Mittlerer Bahndurchmesser Berechnet	Gemessen
Merkur	3	$9 \cdot 0{,}84 = 7{,}56$	7,75
Venus	4	$16 \cdot 0{,}84 = 13{,}74$	14,49
Erde	5	$25 \cdot 0{,}84 = 21{,}00$	20,25
Mars	6	$36 \cdot 0{,}84 = 30{,}24$	30,52
Asteroiden	7	$49 \cdot 0{,}84 = 41{,}16$	42,72 bis 79,13
Asteroiden	8	$64 \cdot 0{,}84 = 53{,}76$	
Asteroiden	9	$81 \cdot 0{,}84 = 68{,}04$	
Asteroiden	10	$100 \cdot 0{,}84 = 84{,}00$	
Jupiter	11	$121 \cdot 0{,}84 = 101{,}69$	104,21
Saturn	15	$225 \cdot 0{,}84 = 189{,}00$	191,05
Uranus	21	$441 \cdot 0{,}84 = 370{,}44$	384,45
Neptun	27	$728 \cdot 0{,}84 = 611{,}52$	602,28

Die Übereinstimmung ist eine ziemlich gute, doch fehlen die Bahnen mit $n = 1$ und 2, 12, 13, 14, 16—20 und 22—26.

In gleicher Weise ergibt sich für die Jupitermonde:

Jupitermonde		Berechnet	Beobachtet
I	$n = 5$	$a = 25 \cdot 0{,}0001128 = 0{,}002819$	0,002819
II	$= 6$	$= 36 \cdot 0{,}0001128 = 0{,}00416$	0,004483
III	$= 8$	$= 64 \cdot 0{,}0001128 = 0{,}007219$	0,007155
IV	$= 10$	$= 100 \cdot 0{,}0001128 = 0{,}01128$	0,012585

Hier fehlen die zu $n = 1$ bis 4, 7 und 9 gehörigen Monde.

Ebenso haben wir für die Saturnmonde:

Saturnmonde		Berechnet	Beobachtet
1. Mimas	$n = 5$	$a = 25 \cdot 0{,}00004 = 0{,}00100$	0,0012
2. Enceladus	$= 6$	$= 36 \cdot 0{,}00004 = 0{,}00144$	0,00159
3. Tethys	$= 7$	$= 49 \cdot 0{,}00004 = 0{,}00196$	0,00197
4. Dione	$= 8$	$= 64 \cdot 0{,}00004 = 0{,}00256$	0,00254
5. Rhea	$= 9$	$= 81 \cdot 0{,}00004 = 0{,}00324$	0,00352
6. Titan	$= 14$	$= 196 \cdot 0{,}00004 = 0{,}00784$	0,00817
7. Hyperion	$= 16$	$= 256 \cdot 0{,}00004 = 0{,}01024$	0,00989
8. Japetus	$= 24$	$= 576 \cdot 0{,}00004 = 0{,}02304$	0,02380

Ebenso für die Monde des Uranus:

Uranusmonde		Berechnet	Beobachtet
1. Ariel	$n = 4$	$a = 16 \cdot 0{,}00008 = 0{,}00128$	0,00128
2. Umbriel	$= 5$	$= 25 \cdot 0{,}00008 = 0{,}00200$	0,00179
3. Titania	$= 6$	$= 36 \cdot 0{,}00008 = 0{,}00288$	0,00293
4. Oberon	$= 7$	$= 49 \cdot 0{,}00008 = 0{,}00392$	0,00392

Schließlich mögen noch einige Kometen angeführt werden, deren Bahndurchmesser mit der für die Planeten gültigen Gleichung berechnet wurden:

Kometen		Berechnet	Beobachtet
Komet Enke	$n = 7$	$a = 49 \cdot 0{,}84 = 41{,}16$	44,49
Komet Biela	$= 9$	$= 81 \cdot 0{,}84 = 68{,}04$	70,59
Komet Faye	$= 10$	$= 100 \cdot 0{,}84 = 84{,}00$	76,10
Komet Halley	$= 21$	$= 441 \cdot 0{,}84 = 370{,}44$	363,90

Treska fand, daß, mit der Rotationszeit der Sonne beginnend, der allmähliche Zuwachs der Umlaufzeiten der Planeten (Differentialumlaufzeiten) sich ziemlich nahe wie die Quadrate der Entfernungen von der Sonne verhalten. Die Übereinstimmung ist allerdings nur eine annähernde, wie folgende Zahlen zeigen:

Name des Gestirns	Umlaufzeit Tage	Differenz	Verhältnis	Quadrat d. Entfernung in Mill. geogr. Meilen	Verhältnis
Sonne	25				
Merkur	88	88 — 25 = 63	3,18	60	$\frac{210}{60} = 3{,}50$
Venus	225	225 — 25 = 200		210	
Venus	225	225 — 88 = 137	2,02	210	$\frac{401}{210} = 1{,}91$
Erde	365	365 — 88 = 277		401	
Erde	365	365 — 225 = 140	3,3	401	$\frac{931{,}5}{401} = 2{,}32$
Mars	687	687 — 225 = 462		931,5	
Mars	687	687 — 365 = 322	12,51	931,5	$\frac{11\,924{,}6}{931{,}5} = 12{,}8$
Jupiter	4 332	4 332 — 365 = 4 027		11 924,6	
Jupiter	4 332	4 332 — 687 = 3 645	2,76	11 924,6	$\frac{36\,481}{11\,924{,}6} = 3{,}06$
Saturn	10 759	10 759 — 687 = 10 072		36 481	
Saturn	10 759	10 759 — 4 332 = 6 427	2,54	36 481	$\frac{188\,799}{36\,481} = 5{,}17$
Uranus	30 688	30 688 — 4 332 = 16 356		188 799	
Uranus	30 688	30 688 — 10 759 = 19 929	2,48	188 799	$\frac{362\,765}{188\,799} = 1{,}92$
Neptun	60 187	60 187 — 10 759 = 49 428		362 765	

Ähnlich finden wir für die Satelliten:

a) Jupitermonde:

Gestirn			
Jupiter	Umlaufzeit	$9^h\,55^m\,27^s \simeq 0{,}42$ Tage	
I	Umlaufzeit	1,769	$\left.\begin{matrix}\\ \\ \end{matrix}\right\} \frac{3{,}551-0{,}42}{1{,}769-0{,}42}=2{,}32;\quad \frac{9{,}452^2}{5{,}944^2}=2{,}52$
II	„	3,551	
III	„	7,155	$\frac{7{,}155-1{,}769}{3{,}551-1{,}769}=3{,}02;\quad \frac{15{,}086^2}{5{,}944^2}=2{,}77$
IV	„	16,689	$\frac{16{,}689-3{,}551}{7{,}155-3{,}551}=3{,}64;\quad \frac{26{,}535^2}{15{,}086^2}=3{,}10$

b) Saturnmonde:

Gestirne	Umlaufzeit	
Saturn	0,427 Tage	
1. Mimas . . .	0,942 „	$\frac{1{,}370-0{,}427}{0{,}942-0{,}427}=1{,}44;\quad \left(\frac{0{,}001\,59}{0{,}001\,24}\right)^2=1{,}282^2=1{,}643$
2. Enceladus .	1,370 „	
3. Tethys . .	1,888 „	$\frac{1{,}888-0{,}942}{1{,}370-0{,}942}=2{,}21;\quad \left(\frac{0{,}001\,97}{0{,}001\,59}\right)^2=1{,}240^2=1{,}548$
4. Dione . . .	2,737 „	$\frac{2{,}737-1{,}370}{1{,}888-1{,}370}=2{,}64;\quad \left(\frac{0{,}002\,54}{0{,}001\,97}\right)^2=1{,}290^2=1{,}664$
5. Rhea . . .	4,517 „	$\frac{4{,}517-1{,}888}{2{,}737-1{,}888}=3{,}10;\quad \left(\frac{0{,}003\,52}{0{,}002\,54}\right)^2=1{,}385^2=1{,}918$
6. Titan. . .	15,945 „	$\frac{15{,}945-2{,}737}{4{,}517-2{,}737}=7{,}42;\quad \left(\frac{0{,}008\,17}{0{,}003\,52}\right)^2=2{,}321^2=5{,}387$
7. Hyperion .	21,311 „	$\frac{21{,}311-4{,}517}{15{,}945-4{,}517}=1{,}47;\quad \left(\frac{0{,}009\,89}{0{,}008\,17}\right)^2=1{,}210^2=1{,}464$
8. Japetus. .	79,229 „	$\frac{79{,}229-15{,}945}{21{,}311-15{,}945}=13{,}92;\quad \left(\frac{0{,}023\,80}{0{,}009\,89}\right)^2=2{,}406^2=5{,}789$

Bei den Saturnmonden ist die Übereinstimmung allerdings eine sehr schlechte.

Aus der Gleichung (11) und (12) folgt noch

$$\tau_n = a_n\,\tau_1 \cdot n \tag{13}$$

und

$$\tau_1 = \frac{\tau_n}{n \cdot a_n}, \tag{14}$$

woraus sich τ_1 berechnen läßt. So finden wir für die Planeten aus $n = 27$ und $a_{27} = 611 \cdot 52$ für Neptun (Umlaufzeit = 60 187 Tage)

$$\tau_1 = \frac{60\,187}{611{,}52 \cdot 27} = 3{,}517$$

und daher

$$\tau_n = 3{,}517 \cdot a_n\,,$$

was folgende Werte ergibt:

Planeten		Berechnet		Beobachtet
Merkur	$n = 3$	$\tau_n = 3 \cdot 3{,}517 \cdot 7{,}75 =$ 81,77	gegen	80 Tage
Venus	$= 4$	$= 4 \cdot 3{,}517 \cdot 13{,}74 =$ 193,29	,,	225 ,,
Erde	$= 5$	$= 5 \cdot 3{,}517 \cdot 21{,}00 =$ 369,28	,,	365 ,,
Mars	$= 6$	$= 6 \cdot 3{,}517 \cdot 30{,}24 =$ 637,88	,,	687 ,,
Jupiter	$= 11$	$= 11 \cdot 3{,}517 \cdot 101{,}69 =$ 3 984,47	,,	4 332 ,,
Saturn	$= 15$	$= 15 \cdot 3{,}517 \cdot 189{,}00 =$ 9 970,70	,,	10 759 ,,
Uranus	$= 21$	$= 21 \cdot 3{,}517 \cdot 370{,}44 =$ 27 359,56	,,	30 688 ,,
Neptun	$= 27$	$= 27 \cdot 3{,}517 \cdot 611{,}52 =$ 58 069,33	,,	60 187 ,,

Berechnen wir schließlich noch die Umlaufzeiten der früher angeführten Kometen nach dieser Formel, so finden wir

Kometen		Berechnet		Beobachtet
Komet Enke	$n = 7$	$\tau_n = 7 \cdot 3{,}517 \cdot 41{,}16 =$ 1 031,3	gegen	1 204 Tage
Komet Biela	$= 9$	$= 9 \cdot 3{,}517 \cdot 68{,}04 =$ 2 153,7	,,	2 408 ,,
Komet Faye	$= 10$	$= 10 \cdot 3{,}517 \cdot 84{,}00 =$ 2 954,3	,,	2 701 ,,
Komet Halley	$= 21$	$= 21 \cdot 3{,}517 \cdot 370{,}44 =$ 27 359,6	,,	27 740 ,,

Die Übereinstimmung ist allerdings nur eine mäßige, könnte aber wesentlich besser sein, wenn man τ_1 statt aus den Daten für Neptun, aus jenen eines anderen Planeten berechnet hätte, so daß hierfür ein etwas größerer Wert gefunden worden wäre. So ergibt sich z. B. aus den Zahlen für Jupiter $\tau_1 = 3{,}78$, was für τ_n um 4 Proz. höhere Werte ergäbe.

Trotz der fabelhaften Erfolge, welche die Quantentheorie namentlich auf dem Gebiete der Spektralforschung erzielt hat, stehen die Grundlagen derselben und die Grenzen ihrer Gültigkeit noch nicht fest, und namentlich ist man nicht gut in der Lage, sich ein Strahlenquantum anschaulich zu machen. Ja, die Vorstellung der Quanten widerstreitet sogar der alten und noch immer nicht zu entbehrenden Lehre von der Wellenbewegung des Lichtes. Die Energie der Wellen (oder, sagen wir, eines bestimmten Ausschnittes aus einer Welle) nimmt nämlich — entsprechend ihrer Verteilung in Kugelschalen — um so mehr ab, je weiter sie sich von ihrem Ausgangspunkt entfernt hat. Vom Standpunkte der Wellenlehre erscheint es aber ganz unmöglich, eine bestimmte Grenze anzugeben, unter welche die Schwingungsenergie nie sinken kann. Gerade das ist aber die Grundbehauptung der Quantentheorie, nach welcher ja ein Lichtquantum immer gleich groß bleibt, wie weit es auch von der Lichtquelle entfernt sein mag.

Überdies müßten wir die Strahlungsquanten durch eine Art von Explosion innerhalb der Atome hervorgerufen denken, was gegen die ältere, in unsere Vorstellungen tief eingewurzelte Ansicht, daß in der Natur nur allmähliche Änderungen vorkommen, in direktem Gegensatze steht.

Es wurde schon früher erwähnt, daß die Wellenstrahlung des Äthers durch die Schwingungen der Elektronen hervorgerufen werden, und zwar n u r d a n n, wenn dieselben von einer stationären Bahn in eine andere, ebensolche übergehen. Ebenso können die Ätherwellen auch umgekehrt die Umwandlung der Elektronenbahnen aus einer stationären Form in eine andere hervorrufen, und hierauf beruht das, was wir unter Absorption von Licht, Wärme und anderen Wellenstrahlen des Äthers verstehen. Hierbei besteht eine Wechselbeziehung, indem jeder Körper nur jene Strahlen zu absorbieren vermag, die er auch selbst aussendet. Wenn ein Körper alle Ätherstrahlen absorbiert, so erscheint er dem Auge schwarz, und ein solcher (man nennt ihn einen absolut schwarzen) Körper ist auch imstande, alle Arten solcher Strahlen auszusenden.

Bei derartigen Absorptionen kann die Energie der Ätherwellen sowohl zur Vergrößerung der Energie der Elektronenbewegung als jener der Molekular- bzw. Atomkernbewegung dienen. In ersterer Beziehung können sich die Elektronenbahnen quantenweise immer weiter vom Kern entfernen; ja es können einzelne Elektronen sich von der Bindung durch den Kern ganz frei machen. Im zweiten Falle wird die kinetische Energie der Moleküle und Atome vergrößert, was sich sowohl in einer Erwärmung als in der Lockerung des Atomzusammenhanges im Molekül äußern kann[1]).

IV. Energieumwandlungen.

Kapazitäts- und Intensitätsfaktoren der Energie; Intensitäts- (Potential-) Gefälle; Energieverluste bei Energieumwandlungen, Beispiele; Maßeinheiten für die Energie; weitere Grundsätze für die Energiewirtschaft.

Bei allen im vorigen Kapitel besprochenen Energieformen können wir zwischen Kapazität und Intensität unterscheiden, sie also in zwei Faktoren, den Kapazitätsfaktor (c) und den Intensitätsfaktor (i), zerlegen, so daß wir für die Energie (E) schreiben können

$$E = c \cdot i\,.$$

So ist bei einem fallenden Körper seine Masse der Kapazitätsfaktor, die Fallhöhe aber der Intensitätsfaktor. Wenn Wasser beispielsweise über ein Wehr herabfällt, so bezeichnet man die Fallhöhe als Gefälle, ein Ausdruck, der auch bei anderen Energieformen angewendet wird, so daß man ganz allgemein von einem Intensitäts- oder Potentialgefälle spricht.

Bei der Wärme — einer der wichtigsten praktisch benutzten Energieformen — ist die Temperatur der Intensitätsfaktor, während die sog. Wärmekapazität, d. i. jene Wärmemenge, welche einem Körper zugeführt werden muß, um seine Temperatur um 1° C zu erhöhen, als Kapazitätsgröße dient.

---

[1]) Es wird hierauf später, nach Besprechung des radioaktiven Zerfalls, nochmals zurückgekommen werden.

Bei der Elektrizität bezeichnet man den Kapazitätsfaktor als Elektrizitätsmenge (die in Ampère gemessen wird), während die (in Volt gemessene) Spannung den Intensitätsfaktor darstellt.

Dort, wo die mechanische Energie als kinetische oder Bewegungsenergie auftritt, in welcher Form man sie lebendige Kraft nennt, wird sie, wie schon früher erwähnt, durch das halbe Produkt aus der Masse (m) und dem Quadrat der Geschwindigkeit (v) gemessen:

$$A = \frac{m \cdot v^2}{2}.$$

Sie kann in zwei verschiedenen Arten zerlegt werden. In einem Falle ist die Masse der Kapazitäts-, $\frac{v^2}{2}$ aber der Intensitätsfaktor, während bei der zweiten Art der Zerlegung das Produkt aus Masse und Geschwindigkeit ($m \cdot v$), das man als Bewegungsgröße oder Moment der Bewegung bezeichnet, die Kapazitätsgröße, $\frac{v}{2}$ aber die Intensitätsgröße darstellt.

Für alle Formen der Energie gilt der Grundsatz, daß die Kapazitätsgröße unveränderlich ist, ein Satz, der in bezug auf die mechanische Energie, als Gesetz von der Erhaltung der Masse allbekannt ist und die Grundlage der Chemie darstellt[1]).

Die Wirksamkeit der verschiedenen Energien äußert sich darin, daß sie Zustandsänderungen in der Weise hervorrufen, daß ihnen entgegenstehende Widerstände überwunden werden. Sie ist dadurch begrenzt, daß sich zwischen der betrachteten Energie und dem ihr entgegenstehenden Widerstande, der ja selbst auch eine Energieform darstellt, Gleichgewicht einstellen kann.

So kann aus einem höher liegenden Wassergefäß das Wasser nur so lange in ein tiefer stehendes abfließen, bis der Flüssigkeitsspiegel in beiden Gefäßen die gleiche Höhe erreicht hat; ebenso kann ein wärmerer Körper nur so lange Wärme an einen kälteren abgeben, bis beide die gleiche Temperatur besitzen usw. Allgemein gesagt, kann Energieübertragung nur so lange eintreten, bis das Energie- oder Potentialgefälle Null geworden.

Da ist aber die Energie keineswegs geschwunden. Heben wir eine Last in die Höhe, wozu wir eine gewisse Menge Energie aufwenden müssen, und legen sie auf eine Unterlage, so bleibt sie auf derselben liegen, vorausgesetzt, daß letztere fest genug ist, also dem Drucke derselben einen genügenden Widerstand zu leisten vermag. Entfernen wir jedoch diese Unterlage, so fällt unsere Last wieder herab, wobei die zum Heben der Last aufgewendete Energie wieder frei wird.

Wirft man einen Stein in vertikaler Richtung in die Höhe, so dient die Wurfkraft dazu, die Anziehung der Erde zu überwinden, und wird so allmählich aufgebraucht. Ist dies der Fall, so hat der Stein seine höchste Lage

---

[1]) Bei dem in neuerer Zeit aufgestellten Satze, daß Materie, wenn sie Energie abgibt, an Masse verliert, handelt es sich wohl nur um eine scheinbare Massenabnahme (siehe beispielsweise *E. Abel*, Die spezielle Relativitätstheorie, Öst. Chem. Ztg. 1918, Nr. 2, 3 u. 4).

erreicht und fällt infolge seiner Schwere wieder herab, wobei gerade eben so viel Energie gewonnen wird, als beim Wurf aufgewendet werden mußte.

Das Licht — z. B. die Sonnenstrahlen — übt auf der photographischen Platte chemische Wirkungen aus; es gibt aber auch den Pflanzen die Möglichkeit, aus der Kohlensäure der Luft, aus Wasser und Ammoniak (oder Salpetersäure) den Pflanzenkörper aufzubauen, also chemische Arbeit zu leisten. In den Pflanzenkörpern ist die so verbrauchte Energie angesammelt und kann — wenn sie als Nahrungsmittel für Tiere und Menschen dienen — in diese übergehen oder — wenn wir die Pflanzensubstanz verbrennen — als Wärme wieder frei werden.

Anderseits bewirkt die Wärmestrahlung der Sonne, daß das Wasser der Meere, der Seen und Flüsse verdunstet; der Wasserdampf steigt in die Höhe, bildet Wolken und fällt schließlich als Schnee oder Regen wieder zur Erde, wobei durch das Freiwerden seiner latenten Wärme die kälteren Luftschichten erwärmt werden. Die Sonnenstrahlen leisten also in diesem Falle mechanische Arbeit, indem sie Wasser aus tieferen Lagen in höhere erheben und so unsere Wasserkräfte speisen.

Haben wir nun für irgendeinen Zweck Arbeit zu leisten, so können wir entweder vorhandene freie Energie benutzen oder solche aus Energieträgern, in welchen latente Energie aufgespeichert ist, frei machen. In allen Fällen wird es aber notwendig sein, die vorhandenen und auszunutzenden Energien — ob latente oder freie — in jene Energieform umzuwandeln, welche für den beabsichtigten Zweck am besten geeignet ist.

Diese Energieumwandlungen vollziehen sich aber nicht glatt und vollständig, weil hierbei — außer der gewünschten — stets auch noch kleinere oder größere Mengen anderer Energieformen auftreten, die zwar nicht wirkliche Energieverluste darstellen, aber doch für den beabsichtigten Zweck nicht nutzbar gemacht werden können, also immerhin — vom technischen und wirtschaftlichen Standpunkte betrachtet — als Energieverluste anzusehen sind, die wir also im Interesse einer guten Energiewirtschaft möglichst klein zu gestalten oder in irgendeiner andern Weise nutzbar zu machen trachten müssen.

Das läßt sich in folgender Weise einfach erklären: Körpersysteme, welche dazu befähigt sind, Energien umzuwandeln, nennen wir Maschinen, gleichgültig, ob sie nur eine Richtungsänderung (wie die Wasserräder) oder eine Qualitätsänderung der bestehenden Energie (z. B. in der Dampfmaschine) oder die Umwandlung einer Energieform in eine ganz andere bezwecken (Dynamomaschinen). In allen diesen Maschinen ist nun ein gewisser Widerstand (der sehr verschiedener Natur sein kann, den wir aber ganz allgemein als Reibung bezeichnen wollen) zu überwinden, wozu ein Teil der aufgewendeten Energie verbraucht wird, so daß von derselben nur ein Teil — nämlich der Überschuß der aufgewendeten Energie über die zur Überwindung der Reibung verbrauchte — als Nutzleistung auftritt.

So wird bei allen unseren mechanisch wirkenden Maschinen ein Teil der ihnen zugeführten Energie zur Überwindung der mechanischen Reibung verbraucht und verwandelt sich hierbei in Wärme. Ein Luftschiff hat den Luftwiderstand, ein gewöhnliches Schiff den Widerstand des Wassers zu überwinden. Auch die Wagen, die auf der Straße oder auf Schienen laufen, haben — abgesehen von der Reibung in den Achsen usw. — auch mit dem Widerstand auf der Fahrbahn zu tun; doch muß hier betont werden, daß diese letztere Reibung nicht eigentlich als schädlich zu betrachten ist, weil die Waggons ohne solche überhaupt nicht vorwärts kommen würden. Bei Flugzeugen ist — um ein anderes Beispiel zu erwähnen — der Luftwiderstand nur insofern schädlich, als er der Vorwärtsbewegung derselben ein Hindernis entgegensetzt, ein anderer Teil desselben aber ist geradezu notwendig, um das Flugzeug in der Höhe zu erhalten.

Ganz allgemein läßt sich dieses Gesetz auch in der Weise aussprechen, daß sich von jeder aufgewendeten Energiemenge E nur ein Bruchteil E_1 in eine bestimmte andere Energieform umwandeln läßt, während ein anderer, E_2, zwangsläufig zur Überwindung verschiedener Widerstände verbraucht wird, der Rest aber, $E - (E_1 + E_2)$ als solcher unverändert und ungenutzt bleibt, weil bei den vorhergehenden Prozessen das Potentialgefälle der aufgewendeten Energie auf Null gesunken ist. So kann die Energie des fallenden Wassers oder Gewichtes nur so weit ausgenutzt werden, bis die verfügbare Fallhöhe durchmessen ist; ebenso kann die Wärme nur so lange auf andere Körper übertragen oder in andere Energieformen umgewandelt werden, bis die Temperatur des Wärme abgebenden Körpers ebenso groß geworden, wie jene des Wärme aufnehmenden[1]).

Eine vollständige, glatte Umwandlung einer Energieform in eine andere ist nur in jenen Fällen möglich, in welchen sie sich umkehrbar vollzieht, d. h. dann, wenn sie auch im entgegengesetzten Sinne verlaufen kann, wie bei der Kompression oder Expansion von idealen Gasen, wenn wir

---

[1]) *W. Tafel*, „Wärme und Wärmewirtschaft der Kraft- und Feuerungsanlagen in der Industrie", S. 22, wendet diesen Satz auch auf die Vorgänge im Leben an. Er sagt: „Menschliche Unzufriedenheit ist nichts anderes als Spannung, d. h. ein Höherliegen des Niveaus der Wünsche über dem des Erreichten." Lassen wir z. B. Wasser aus einem Gerinne frei herabfallen, so läßt sich seine Energie nicht ausnutzen; würde man es auf die Schaufeln einer Turbine leiten, so setzt es diese in Bewegung, wobei ein Teil seiner Energie zur Überwindung der Reibung und für andere sekundäre Vorgänge verbraucht wird, die Energie der rotierenden Turbine aber ausgenutzt werden kann. „So ist auch der Ausbruch der Unzufriedenheit, wenn er hemmungslos . . . Ausgleich sucht, zur Wirkungslosigkeit verdammt. Daher sind Revolutionen und ihre Vorläufer ungeheure Energieverschwender; große Staatsmänner aber wissen die Wandlung der Energie der Spannung, d. h. den Ausgleich der Wünsche der Völker und Volksteile so zu führen (Führung ist identisch mit partiellem Widerstand), daß ein Maximum an Leistung daraus entsteht. Solche Staatsmänner sind eben, wie alle wahren Künstler, Ahner, Empfinder und Diener der Naturgesetze in ihren tiefsten Tiefen."

Hierzu könnte man noch weiter sagen: Aufwand zu großer oder zu hoch gespannter Energiemengen wirkt schädlich. Wie Hochwasser die Dämme durchbricht und Häuser wegschwemmt, wie große Stürme die Ziegel vom Dache werfen und selbst Häuser umreißen können, ebenso wird auch ein plötzlicher stürmischer Energieausbruch bei Revolutionen gewaltige Zerstörungen hervorrufen, so daß es oft fraglich bleibt, ob der so angerichtete gewaltige Schaden den erreichten Nutzen nicht überwiegt.

nur das Gas als solches in Betracht ziehen und von der Reibung in den zur Kompression oder Expansion benutzten Apparaten absehen, oder bei dem schon erwähnten Wurf eines schweren Körpers in die Höhe und seinem späteren Fall zurück auf die Erde, bzw. bei der Pendelbewegung, die ja prinzipiell auf demselben Vorgange beruht.

So läßt sich z. B. bei der Verbrennung von Kohle — ein Vorgang, der nicht umkehrbar ist — von der im Brennstoffe aufgespeicherten chemischen Energie, selbst theoretisch, nur etwa 95 Proz. in Wärme umwandeln. In der Praxis sinkt dieser Betrag noch weiter auf etwa 85 Proz. des vorigen, also auf 81 Proz. des Energieinhaltes der Kohle herab.

Von den hierbei entstehenden Flammengasen kann auf andere zu erhitzende Körper nur so lange Wärme übertragen werden, bis beide gleiche Temperatur angenommen haben, und Wärmeverluste durch Leitung und Strahlung verringern diesen Betrag noch weiter. Benutzen wir unsere Kohle zum Heizen eines Dampfkessels, so kann man nur etwa 49 Proz. des Wärmeinhaltes der Heizflamme dem Kesselspeisewasser zuführen, so daß nur etwa 41 Proz. des Wärmeinhaltes der verbrannten Kohle tatsächlich ausgenutzt werden.

Benutzt man zur Umwandlung der Wärme in mechanische Energie eine Dampfmaschine, so gilt es als günstig, wenn man für je 1 kg Kohle, das pro Stunde verbrannt wird, eine Pferdekraft erhält. Das ist — wenn wir einen mittleren Heizwert der Kohle von 7000 Cal annehmen — ein Nutzeffekt von nur 9 Proz.

Bei den Dynamomaschinen, die man gewöhnlich zur Umwandlung von mechanischer Energie in elektrische benutzt, ist der Nutzeffekt — bezogen auf die hier aufgewendete Energie — sehr groß (etwa 80 Proz.), so daß wir bei Verwendung von Dampfkraft zum Betrieb der Dynamo in bezug auf die verheizte Kohle etwa 7 Proz. der darin aufgespeicherten Energie nutzbar machen können, während 93 Proz. derselben verlorengehen.

Benutzen wir den so gewonnenen Strom zu chemischen Arbeitsleistungen, so können wir bei der Elektrolyse des Wassers etwa 50 Proz., beim Laden von Akkumulatoren bis ungefähr 80 Proz. desselben nutzbar machen. Wir haben somit schließlich — wenn wir nur den letzteren, günstigeren Fall in Betracht ziehen — 5 Proz., d. i. $^1/_{20}$ des Energieinhaltes der Kohle nutzbar gemacht, während 95 Proz. desselben verlorengehen.

Noch ungünstiger stellen sich die Verhältnisse, wenn wir den elektrischen Strom zu Beleuchtungszwecken benutzen, da von der in einer Bogenlampe ausgestrahlten Energiemenge — beispielsweise bei 4000° C — der größte Teil als Wärme und nur 1 Proz. als Lichtstrahlung auftritt. Es werden hierbei somit höchstens $^1/_{2000}$, d. i. 0,05 Proz. der zum Heizen des Kessels aufgewendeten Kohlenmenge als Licht gewonnen. Ja, bei Glühlampenbeleuchtung stellen sich die Verhältnisse noch weit ungünstiger. Auf diesem Gebiete lassen sich daher besonders große Erfolge der technisch-wissenschaftlichen Forschung erwarten, und zwar nach *Lummer* voraussichtlich ganz besonders auf dem Gebiete der sogenannten Fluorescenz- und Luminiscenz-Beleuchtung.

Da, wie wir gesehen haben, jede Energieumwandlung mit Energieverlusten verbunden ist, erscheint es ganz selbstverständlich, daß die Energieverluste mit der Zahl der Umwandlungen wachsen müssen, daß also durch Verringerung der Zahl der Umwandlungen eine bessere Ausnutzung der benutzten Energiequelle erreicht wird.

Im Dieselmotor z. B. wird die Umwandlung der chemischen Energie in Wärme und dieser in mechanische Energie unmittelbar bewerkstelligt, und dementsprechend steigt der Nutzeffekt bei Anwendung von Petroleum und Rohöl auf 33 Proz. gegen 9 Proz. bei der gewöhnlichen Dampfmaschine. Allerdings ist der Preis dieser Brennstoffe ein relativ hoher, weshalb man heute mit Vorteil daran gegangen ist, Explosionsmotoren mit Generatorgas oder mit Hochofengichtgasen zu betreiben.

Bei der Kolbendampfmaschine wird die hin- und hergehende Bewegung des Kolbens, bei welcher — abgesehen von der Reibung — die Trägheit der Masse zu überwinden ist, in eine rotierende Bewegung umgewandelt, was bei den Turbinen wegfällt, so daß letztere gleichfalls eine bessere Energieausnutzung ermöglichen. Das gilt natürlich ebenso von den Wasser-, als von den Dampf- und Gasturbinen, wozu allerdings auch noch jene Unterschiede hinzukommen, die durch die Wahl der Energiequellen bedingt sind, deren man sich zum Antrieb der Turbinen bedient.

Sehr vorteilhaft ist natürlich die Anwendung von Wasserkräften, nicht nur deshalb, weil sie — wenn man von den heute allerdings recht beträchtlichen Baukosten absieht — relativ billig sind, sondern auch deshalb, weil die hierdurch verringerte Zahl der Energieumwandlungen eine erhebliche Verkleinerung der Energieverluste bewirkt. Nimmt man beispielsweise den Nutzeffekt einer Turbine mit durchschnittlich 80 Proz. an, so wird bei einer damit angetriebenen Dynamomaschine eine Nutzleistung von 64 Proz. (gegen 7 Proz. bei Anwendung einer Dampfmaschine), beim Laden eines Akkumulators ein Nutzeffekt von rund 51 Proz. (gegen die früheren 5 Proz.), und selbst bei der Beleuchtung mit Bogenlampen ein solcher von 0,64 Proz. (gegen die früheren 0,05 Proz.) erzielt. Man erhält somit in allen diesen Fällen eine neun- bis elfmal so gute Energieausnutzung, wie bei Benutzung der Kolbendampfmaschine.

Hierzu kommt aber noch der weitere volkswirtschaftliche Vorteil, daß die Kohlenvorräte des Landes, die früher oder später einmal aufgezehrt sein werden, geschont und in vielen Ländern die teueren Kohlenimportkosten erspart werden.

Freilich ist man bei den Wasserkräften von mancherlei äußeren Umständen (wie Winterfrost oder anhaltende Dürre im Sommer) abhängig, so daß man andere Energiequellen (Dampfmaschinen oder Abfallenergie von industriellen Anlagen) als Reserve bereithalten muß.

Die folgende Zusammenstellung gibt ein Bild von den Ersparnissen, die man durch Verringerung der Zahl von Energieumwandlungen erzielen kann.

	Nutzleistung in Proz. der ursprünglich aufgewendeten Energie		
Bei Verbrennung der Kohle	81	—	—
Im Dampfkessel	41	—	—
In der Dampfmaschine	9	—	—
Im Dieselmotor	—	30	—
In einer mit Wasser angetriebenen Turbine	—	—	80
In einer damit angetriebenen Dynamo	7	26,4	64
Beim Laden eines Akkumulators	5	21,2	51
Bei Bogenlampenbeleuchtung	0,05	0,21	0,64

Das eben Gesagte gilt ganz allgemein für jede Energieumwandlung, ja selbst für die menschliche Energie bei geistiger Tätigkeit. Je komplizierter die Organisation einer derartigen Tätigkeit ist, desto geringer fällt ihre Nutzleistung aus; sagt doch schon ein altes Sprichwort: „Viele Köche versalzen die Suppe!“

Wir haben schon früher gesehen, daß man Energien an der Arbeit mißt, die sie zu leisten im Stande sind. Da sich nun die verschiedenen Energieformen ineinander umwandeln lassen, müssen sie sich auch mit einem gemeinsamen Maße messen lassen, als welches man in der Wissenschaft ihre mechanische Arbeitsleistung gewählt hat. Als Einheit der Bewegungsenergien gilt so das Erg (E), d. i. jene Energie, welche die Masse eines Grammes, d. i. jene von 1 cm^3 reinem Wasser bei 4° C, besitzt, wenn sie sich mit der Geschwindigkeit 1 cm in der Sekunde fortbewegt. Die Kraft, welche bei ihrer momentanen Einwirkung dieser Masseneinheit die Geschwindigkeit 1 cm erteilt, heißt Dyne. Da aber diese Maßeinheiten für die praktischen Zwecke des Lebens viel zu klein sind, benutzt man für solche größere Maßeinheiten:

1 mkg = $980 \cdot 10^5$ Erg = 98 Mega-Erg.
1 PS = 75 mkg = 7350 Mega-Erg,
1 Literatmosphäre = 10 333 mkg

usw.

Für die Wärme gilt als Maßeinheit die Wärmeeinheit oder Calorie, d. i. jene Wärmemenge, welche 1 kg Wasser zugeführt werden muß, um seine Temperatur um 1° C zu erhöhen:

$$1 \text{ Cal.} = 428 \text{ mkg} = 5{,}6 \text{ PS.}$$

1000 kleine Calorien sind gleich 1 großen: 1000 cal = 1 Cal.

Als Maß der elektrischen Energie dient das Produkt aus der elektrischen Kapazitätseinheit (Coulomb) und der Spannungseinheit (Volt), das man als Joule (j) bezeichnet:

1000 j = 1 J (Kilojoule) = 0,23817 Cal,
1 Watt hingegen ist die Leistung von 1 Joule in 1 sek.

Die chemische Energie wird meist in Calorien gemessen.

Die strahlende Energie wird gewöhnlich in Wärme umgewandelt und als solche gemessen (Bolometer); für die Lichtstrahlung benutzt man eigene empirische Einheiten (Normalkerzen oder das Violle usw.).

Während man die mechanische Kraftleistung des Menschen ganz gut in Meterkilogrammen oder in Pferdestärken messen kann, gibt es für seine geistigen Leistungen keinen Maßstab, was sich besonders darin ungünstig äußert, daß die Entlohnung der geistigen Arbeit heute oft eine wesentlich schlechtere ist, als jene der mechanischen.

Aus dem eben Erwähnten ergeben sich für eine gute Energiewirtschaft folgende allgemeine Grundsätze:

1. Man muß trachten, mit möglichst wenigen Energieumwandlungen auszulangen,

2. die hierbei unvermeidlichen Energieverluste möglichst zu beschränken und

3. diese Energieverluste, die wir auch als Abfallenergien bezeichnen können, wieder in irgendeiner Weise nutzbar zu machen.

4. Da sich unser Wirtschaftsleben schließlich doch in einer Geldbilanz ausdrückt, werden wir bestrebt sein, möglichst billige Energiequellen heranzuziehen und sie auch für solche Zwecke nutzbar machen, für welche man bisher nur teurere verwenden konnte (z. B. Ersatz hochwertiger, aber teurerer Brennstoffe durch billigere minderwertige).

5. Im Interesse einer rationellen Volkswirtschaft werden wir den Import ausländischer Energiequellen tunlichst einschränken und auch solche Energiequellen, von denen uns nur eine begrenzte Vorratsmenge zur Verfügung steht, wie die mineralischen Brennstoffe, nach Möglichkeit schonen.

6. Aber noch in ganz anderer Weise kann eine gute Energiewirtschaft Erfolge erzielen, die sich kaum von vornherein erwarten lassen, und zwar in der Weise, daß man die unter Aufwand von Energie gewonnenen verschiedenen Erzeugnisse möglichst schont, also lange gebrauchsfähig erhält, und so die für den Ersatz der zugrunde gegangenen Erzeugnisse erforderlichen Energieaufwände erspart. Um welche enorme Mengen von Energie es sich da handelt, zeigt — um nur ein Beispiel zu erwähnen — daß nach dem Iron and Steel Institute in London in dem Zeitraum von 1890 bis 1923, also in 33 Jahren, 720 000 000 t von Eisen und Stahl, also 40 Proz. der Welterzeugung (1 770 000 000 t) durch Rost zerstört wurden, während der sonstige Verbrauch an diesen Stoffen nur etwa 400 000 000 t beträgt. Zur Wiederherstellung dieser 720 Mill. Tonnen verrosteten Materials sind aber etwa 936 Mill. Tonnen Koks (denen ungefähr 1 404 Mill. Tonnen Rohsteinkohlen entsprechen würden) erforderlich, während die Gesamtkohlenvorräte der Erde (Anthrazit, Steinkohlen und Braunkohlen) sicher nachgewiesenermassen nur 716 154 Mill. Tonnen und mit Einrechnung der zwar nicht sicher nachgewiesenen, aber wahrscheinlichen Mengen etwa 7 397 553 Mill. Tonnen betragen!

V. Verfügbare Energiequellen und ihre Ausnutzung.

Belebte Motoren, fließendes Wasser, bewegte Luft, Brennstoffe, Sonne, Mond; Gravitation und Erdbewegung, Luftelektrizität, Erdmagnetismus, Wärme des Erdinnern, Zerfall radioaktiver Elemente, Nul punktenergien der Atome und ihre Ausnutzung.

Wir haben früher die verschiedenen existierenden Energieformen kennengelernt, und wollen jetzt die Energiequellen näher betrachten, die uns hier auf Erden zur Verfügung stehen. Es sind folgende:

1. Belebte Motoren (Menschen, Pferde usw.),

2. fließendes Wasser (Wasserfälle, Flüsse, Bäche, Meeresströmungen),

3. bewegte Luft (die bei Windmotoren und Segelschiffen ausgenutzt wird),

4. Stoffe, in denen chemische Energie aufgespeichert ist, unter denen die Brennstoffe für Technik und Wirtschaft die wichtigste Stelle einnehmen; aber auch die Explosivstoffe und alle Körper, die in der chemischen Industrie Verwendung finden, sowie die Nahrungsmittel gehören hierher.

Alle diese Energiequellen sind aber in Wirklichkeit nur Zwischenreservoire, die ihre Energie mehr oder weniger unmittelbar von der Sonne beziehen; somit ist

5. die Sonne für uns die Hauptenergiequelle, aus welcher fast alle Arbeit, alle Elektrizität, alle Wärme, alle chemischen Erscheinungen auf unserer Erde stammen. Die Sonne überträgt ihre Energie auf die Wasserfälle und Flüsse, indem sie das Wasser des Meeres, der Seen und Flüsse verdampft. Dieser Dampf kondensiert sich in den Wolken zu Regen oder Schnee, wobei die umgebenden Luftschichten durch die latente Verdampfungswärme des Wassers erwärmt werden. Aber auch das so den Bächen und Flüssen zugeführte Wasser kann nur insoweit als Energiequelle ausgenutzt werden, als es nicht im Boden versickert oder neuerdings durch die Sonnenwärme verdampft wird.

Die Sonne überträgt ihre Energie aber auch auf Vegetabilien, indem sich unter dem Einflusse des Lichtes der Pflanzenkörper hauptsächlich aus der Kohlensäure der Luft, aus Wasser und aus Ammoniak (bzw. Salpetersäure) aufbaut. Der Pflanzenkörper aber wandelt sich im Erdboden in Torf und fossile Kohle, im Tierkörper aber in Muskeln und andere Bestandteile desselben um.

Die Sonne ist somit die wichtigste Quelle, welche imstande ist, unsere Energievorräte zu vergrößern, während die Wärmeausstrahlung unserer Erde in den Weltraum ihn fortwährend wieder verringert. Es ist daher begreiflich, daß schon mancherlei Vorschläge zur unmittelbaren Ausnutzung der Sonnenenergie gemacht wurden, auf die wir später zurückkommen werden.

Außerdem stehen uns noch einige andere Energiequellen zur Verfügung, wie:

6. der Mond, dessen Anziehung auf das Wasser des Meeres Flut und Ebbe hervorruft,

7. die Erdbewegung, und zwar sowohl die Rotation um ihre Achse, die zusammen mit der Anziehung des Mondes an der Flutbildung beteiligt ist, aber auch die Passatwinde hervorruft, als auch ihre Bewegung um die Sonne, die man allerdings nicht ausnutzen kann.

8. Die Luftelektrizität,
9. der Erdmagnetismus,
10. die Wärme des Erdinnern,
11. die beim Zerfall radioaktiver Elemente freiwerdende Energie,
12. die sog. Nullpunktenergie der Atome und
13. gewisse Eigenschaften der Körper, welche eine Energieaufspeicherung ermöglichen.

a) Ausnutzung der Sonnenenergie.

Wie schon erwähnt, ist die Sonne eine der wichtigsten Energiequellen für die Erde und fand schon seit der ersten Entstehung von Lebewesen ihre unbewußte Verwertung zum Aufbau der Pflanzen, also auch zur Bildung von Nahrungsmitteln für Menschen und Tiere. Sie spielt aber auch im Leben der ersteren eine wichtige Rolle durch Erwärmung der Erdoberfläche — wie sich klar an der Entstehung der Jahreszeiten zeigt, die auf das Gedeihen von Lebewesen von großem Einfluß sind; ebenso übt die Sonnenbestrahlung auf alle Lebewesen einen mächtigen Einfluß aus. Ihre Anteilnahme an der Bildung von Wolken, Regen und Schnee wurde schon früher erwähnt, und es bleibt nur noch darauf hinzuweisen, wie diese wieder das Wachstum von Pflanzen und Tieren beeinflussen.

Aber schon ziemlich früh war der Mensch auch darauf bedacht, die Sonnenstrahlen unmittelbar für seine Zwecke nutzbar zu machen. So beschrieb *Heron* schon 100 Jahre vor Christi Geburt in seiner Pneumatica eine durch Sonnenwärme betriebene Wasserhebemaschine.

Heute weiß man, daß es sich bei der Sonnenbestrahlung um ganz gewaltige Energiemengen handelt, denn nach *Langley* würde die gesamte, die Erde treffende Sonnenstrahlung bei ihrer völligen Ausnutzung 350 Billionen PS ($= 62^1/_2$ Billionen Calorien)[1]) liefern. Bei 20° nördlicher Breite geben die

[1]) Nach *Nernst* („Das Weltgebäude" S. 57) strahlt die Sonne pro Sekunde nahezu 10^{26} kleine Calorien ($= 10^{23}$ Cal), also pro Minute $6 \cdot 10^{25}$ cal, pro Stunde $36 \cdot 10^{24}$ cal, pro Tag $869 \cdot 10^{24}$ cal, im Jahr $317\,185 \cdot 10^{24}$ cal $= 317\,185 \cdot 10^{21}$ Cal aus, was einer Sekundenleistung von $\frac{10^{23}}{425} = 23\,505 \cdot 10^{20}$ mkg oder $\frac{23\,505}{75} = 10^{20}$ PS entspricht. Von dieser Strahlungsenergie trifft nach obigem nur etwa $\frac{1}{890\,000\,000\,000\,000}$ die Erde (nach *Schroeder* $113 \cdot 10^{22}$ kleine Calorien). Von dieser Strahlung benutzen nach demselben die Pflanzen jährlich $132 \cdot 10^8$ kleine Calorien zur Assimilation von 60 Billionen Tonnen Kohlensäure, also ein Zehntausendstel derselben. Werden anderseits jährlich 1500 Millionen Tonnen Kohle verbraucht, so sind das $12 \cdot 10^{18}$ kleine Calorien oder $^1/_{11}$ der durch die Pflanzen ausgenutzten Sonnenwärme. Von letzterer entfallen nach *Schröder* (*Svante Arrhenius*, „Die Chemie und das moderne Leben")

auf die Wälder	67 Proz.
auf angebaute Pflanzen	24 „
auf die Gräser der Steppen	7 „
auf unbebautes Land, Wüsten, Polarländer usw.	2 „
	100 Proz.

Auch die Windkräfte werden unter dem Einfluß der Sonnenstrahlung gewonnen. Die so ausgenutzte Energie beträgt nach *Svedrup* (*Svante Arrhenius* l. c.) 2,5 Proz. der die Erde treffenden Sonnenstrahlung, also 250 mal so viel, als die Pflanzen aus derselben aufnehmen.

Sonnenstrahlen auf 1 m^2 ebene Erdoberfläche jährlich 1,4 Mill. Wärmeeinheiten ab, so daß die Bestrahlung von je 4 m^2 einer Pferdestärke äquivalent wäre. Könnte man diese Bestrahlung vollständig ausnutzen, so würde 1 qkm Bodenfläche 250 000 Jahres-PS liefern, was, da wir in einer modernen Dampfmaschine je 1 PS jährlich etwa 4 t Kohlen aufwenden müssen, einer Ersparnis von 1 000 000 t gleichkäme. Ja selbst, wenn man nur eine 10 proz. Ausnutzung der Sonnenenergie erzielen könnte, so ließen sich noch immer auf diese Weise 100 000 t Kohlen im Jahre ersparen. Für das kleine Land Salzburg, das eine Bodenfläche von 7166 qkm hat, würde das bei nur 10 proz. Ausnutzung eine Ersparnis von 716 600 000 t oder 71 660 000 Waggon Kohle im Jahre ausmachen, wobei jene Brennstoffmengen, we che in Lokomotiven zur Herbeischaffung dieser Kohlenmengen verheizt werden müßten, gar nicht in Betracht gezogen sind. — Rechnet man mit Mittelwerten, so kommen auf die ganze Erdoberfläche mit ihren 500 000 000 qkm jährlich bei vollständiger Ausnutzung der Sonnenbestrahlung 686 274 PS., bei nur 10 proz. Ausnutzung 68 627 PS, was einer Kohlenersparnis von 17 157 t pro Quadratkilometer, bzw. von 12 294 700 Waggons im Jahre für das Land Salzburg entsprechen würde.

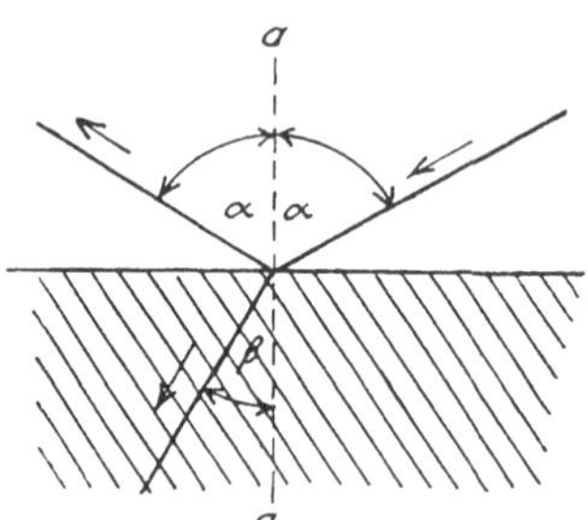

Fig. 11. Lichtbrechung und Reflexion.

Letztere für Salzburg berechneten Werte sind zu klein, weil hierbei die Mittelwerte für alle Breitengrade eingesetzt wurden, während die oben auf 20° nördliche Breite bezogenen Werte für dieses Land zu groß wären.

In allen Fällen der unmittelbaren Ausnutzung der Sonnenstrahlung müssen die auf einer größeren Fläche auftreffenden Sonnenstrahlen auf eine kleinere Fläche (Heizfläche) konzentriert werden, um eine günstige Ausnutzung zu ermöglichen, zu welchem Zwecke man entweder Linsen oder Spiegel verwenden kann. In beiden Fällen entstehen Strahlungsverluste, und zwar in folgender Weise:

Während ein Teil der Strahlen reflektiert wird, dringt ein anderer Teil durch die Trennungsfläche der beiden Medien in den zweiten Körper ein, wobei er abgelenkt wird, d. h. seine Bahn in veränderter Richtung fortsetzt. Gleichzeitig wird ein Teil dieser abgelenkten Strahlen im zweiten Medium absorbiert.

Hierbei gilt als Regel:

1. Einfalls- und Reflexionswinkel, d. h. die Winkel α und β, welche der einfallende und der reflektierte Strahl mit dem Einfallslot (*aa*, Fig. 11) — einer senkrecht auf die reflektierende Fläche stehenden Geraden — einschließen, sind einander gleich;

2. Das Verhältnis des Sinus des Einfallswinkels (α) zum Sinus des Brechungswinkels (β), d. i. $\frac{\sin\alpha}{\sin\beta} = n$ nennt man den relativen Brechungskoeffizienten, oder, wenn es sich um die Brechung eines aus Luft in ein anderes

Medium tretenden Strahls handelt, auch einfach **Brechungsquotient**. Für einen Strahl von bestimmter Wellenlänge ist dieser Brechungsquotient zwischen je zwei verschiedenen Medien, außer von der Temperatur und Dichte, hauptsächlich von der Natur dieser Medien abhängig.

3. Strahlen von verschiedener Wellenlänge werden um so stärker gebrochen (d. h. abgelenkt), je kürzer ihre Wellenlängen sind.

4. Ein Strahl, der senkrecht zur Reflexionsfläche auftrifft, wird zum Teil in derselben Richtung reflektiert, zum Teil tritt er ungebrochen in das zweite Medium ein, wobei er teilweise absorbiert wird.

5. Trifft ein Strahl unter einem Winkel auf die Trennungsfläche zweier Medien auf, der größer ist, als dem Werte $\sin \beta = \frac{1}{n}$ entspricht, so wird er vollständig reflektiert, d. h. er dringt in das zweite Medium gar nicht ein.

6. Manche Körper, wie z. B. Kalkspat (isländischer Doppelspat), zeigen doppelte Lichtbrechung, d. h. der eindringende Strahl wird in zwei geteilt, die verschiedenen Brechungswinkel zeigen. Diese Erscheinung hängt mit der Polarisation zusammen, indem der Äther in jedem der beiden gebrochenen Strahlen in einer einzigen Ebene schwingt (polarisiertes Licht); doch wollen wir hier nicht weiter darauf eingehen.

Bezüglich der Absorption gilt vor allem das sog. **Kirchhoffsche Gesetz**, nach welchem alle Körper bei jeder Temperatur vorzugsweise jene Strahlengattung aussenden, die sie bei der nämlichen Temperatur auch absorbieren[1]). Quantitativ läßt sich dieses Gesetz in folgender Weise ausdrücken, wobei E_λ das Emissions-, und A_λ das Absorptionsvermögen eines Körpers gegen Strahlen von der Wellenlänge λ darstellt:

$$\frac{E_\lambda}{A_\lambda} = \text{konstant}.$$

Absolut schwarze Körper, d. h. solche, welche alle Strahlen absorbieren, besitzen das größte Absorptions- sowohl als Strahlungsvermögen. Für sie gilt das *Stefan-Boltzmann*sche Gesetz:

$$Q = C\,(T_1^4 - T_2^4),$$

worin Q die Menge der ausgestrahlten bzw. absorbierten Energie, C eine Konstante und T_1, bzw. T_2 die absolute Temperatur des ausstrahlenden und des bestrahlten Körpers bedeutet. Diese Gleichung bringt zum Ausdruck, daß beide Körper in Wirklichkeit Strahlen aussenden, deren Energie der vierten Potenz ihrer absoluten Temperaturen proportional ist. Die von dem einen Körper auf den andern durch Strahlung übergeführte Energie muß daher gleich sein der von ersterem tatsächlich auf den zweiten ausgestrahlten Energie, abzüglich jener Energiemenge, welche der zweite Körper auf den ersten zurückstrahlt.

Vorstehende Betrachtungen lehren, daß wir bei allen Versuchen, die strahlende Energie der Sonne auszunutzen, stets mit Energieverlusten zu rechnen

---

[1]) Für die sogenannte Luminiscenzstrahlung gilt dieses Gesetz jedoch nicht genau.

haben werden, die teils durch Reflexion an den Sammelapparaten, teils durch Absorption sowohl durch Nebelbläschen und in der Atmosphäre, als in den zur Strahlensammlung benutzten Apparaten (Spiegel oder Linsen) hervorgerufen werden.

Der erste, welcher sich mit dem Problem der Ausnutzung von Sonnenenergie in neuerer Zeit beschäftigte[1]), war *John Ericsson*, ein gebürtiger Schwede. Er benutzte Hohlspiegel, die aus einzelnen versilberten und auf einem Eisengerüst drehbar angeordneten Platten bestanden. Mittels derselben wurde ein

Fig. 12. *Ericssons* Sonnenmotor auf der Straußenfarm in Los Angeles.

zylindrischer Dampfkessel erhitzt, der durch eine Glashülle vor Wärmeausstrahlung geschützt war. Zwischen 1868 und 1883 baute er 10 solcher Anlagen; im Jahre 1910 war eine solche in Paris ausgestellt, und ein seit 1902 auf der Straußenfarm in Los Angeles (Südkalifornien) aufgestellter derartiger Sonnenmotor (Fig. 12) diente zur Heizung eines 4 m langen Dampfkessels, der etwa 670 l Wasser faßte. Schon eine Stunde nach Sonnenaufgang wurden 12 Atm Arbeitsdruck erreicht und damit eine 15 pferdige Compoundmaschine betrieben, welche wieder eine Pumpe, die pro Minute 6 cbm Wasser lieferte,

[1]) Noch früher (1860) hatte *Mouchot* in Algier einen Versuch gemacht, die Sonnenwärme zum Motorenbetrieb auszunutzen. Er benutzte einen trichterförmigen Spiegel, in dessen Achse ein kleiner, außen geschützter cylindrischer Dampfkessel lagerte. Dieser gab 3,1 kg Dampf von 1 Atm Spannung in der Stunde und $^1/_9$ PS, also eine Nutzleistung von nur 3 Proz.

eine Dynamomaschine und verschiedene Ventilatoren betätigte. Allerdings sind die großen Spiegel sehr teuer und verursacht auch ihre Blankerhaltung große Kosten.

Seither haben sich zahlreiche Erfinder mit diesem Problem beschäftigt, von denen nur der Deutsch-Amerikaner *Shuman* erwähnt werden möge.

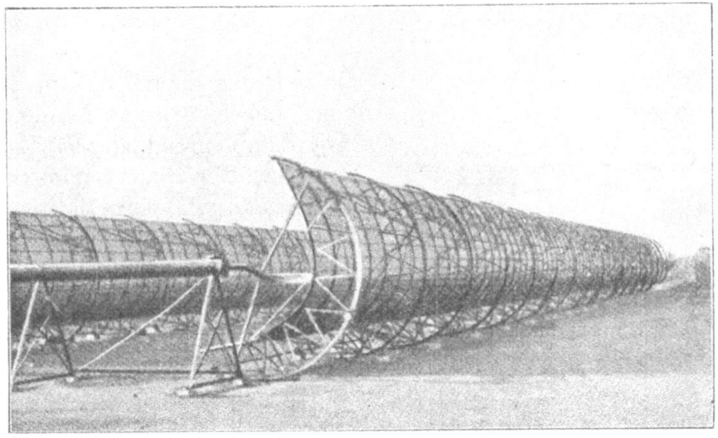

Fig. 13. Sonnenmotor von *Shuman*. Apparat zum Auffangen der Sonnenstrahlen (von unten gesehen).

Fig. 14. Sonnenmotor von *Shuman*. Apparat zum Auffangen von Sonnenstrahlen mit Spiegelbekleidung.

Er benutzt parabolische, aus kleinen Planspiegeln zusammengesetzte Spiegel, die auf ein Eisengerüst aufmontiert sind. Eine solche von der *Sunpower Co.* in Meadi, 15 km südlich von Kairo (jetzt in Assuan) aufgestellte Anlage (Fig. 13 bis 17) betreibt eine 50 pferdige Dampfmaschine, die seit 1915 klaglos arbeitet. Statt eines einzigen Dampfkessels verwendet er 572 einzelne aus

Eisen hergestellte Verdampferkästen, die, zu je 22 nebeneinander liegend, in 26 Reihen angeordnet sind. Bei seinen Versuchen erzielte er Leistungen bis zu 1000 PS. Bei der Anlage in Meadi sind 5 Parabolspiegel vorhanden, die bei 61 m Länge eine Breite von 4 m haben und gegen die Sonne gedreht werden können, was sich selbsttätig mittels eines elektrisch betriebenen Apparates vollzieht.

Bemerkenswert ist, daß man die Wärmewirkung der Sonnenstrahlen anfangs unterschätzt hatte, so daß die zu leicht gebauten Verdampfer fast geschmolzen wären.

Da Feuchtigkeit, Ruß und Nebel die Leistung derartiger Apparate stark beeinträchtigen, können derartige Anlagen nur in warmen Ländern (wie in Ägypten, dem Salpeterdistrikt in Chile, Arizona, Nevada, Neumexiko, Süd-karolina usw.) vorteilhaft verwendet werden, und selbst dort nur dann, wenn die Kohlenpreise sehr hohe sind.

Fig. 15. Sonnenmotor von *Shuman*. Ansicht des Kessels.

Die *Shuman*sche Anlage wurde 1913 von *Ackermann* nachgeprüft. Er fand, daß pro 1 ha Bodenfläche, auf welcher die Spiegel aufgestellt waren, 114 PS gewonnen wurden, und glaubt, daß diese Wirkung um 50 Proz. erhöht werden könne, weil die heute benutzte Bodenfläche dreimal so groß ist wie die Spiegelfläche, um so zu verhindern, daß sich letztere morgens und abends gegenseitig beschatten[1]).

Während die eben besprochenen Versuche und Anlagen die Umwandlung der Sonnenstrahlung in mechanische Energie bezwecken, hat der bekannte italienische Chemiker *Giacomo Ciamiccian* einen ganz anderen Weg betreten, indem er durch die Sonnenstrahlen chemische Vorgänge anregen, sie also auf photochemischem Wege verwerten will[2]). Er lehnt sich hierbei an den natürlichen Vorgang des Pflanzenwuchses unter dem Einfluß der Sonnenstrahlen an. Nach seiner Schätzung werden auf der ganzen Erde auf diese Weise jährlich etwa 32 Milliarden Tonnen trockener Pflanzensubstanz gebildet, was etwa 18 Milliarden Tonnen Kohle entspricht[3]), während der ganze jährliche Kohlenverbrauch der Erde nur 1,3 Milliarden Tonnen beträgt. Nach *A. Mayer* ließe

[1]) *Svante Arrhenius* l. c.

[2]) „Die Photochemie der Zukunft", Stuttgart, Ferd. Enke, 1913.

[3]) Nimmt man den Brennwert der Kohle nur zu durchschnittlich 5000 Cal an, so sind das 90 Milliarden Calorien oder rund $^1/_2$ Billiarde PS.

sich diese jährliche Produktion von Pflanzenstoffen durch rationelle Bodenbewirtschaftung in unserer Breite auf das vierfache, in den Tropen aber noch weit höher steigern, woraus sich ergibt, daß die Land- und Forstwirtschaft recht beträchtliche Mengen Sonnenenergie aufspeichert und uns nutzbar macht,

Fig. 16. Sonnenmotor von *Shuman.* Motor und Pumpe (von hinten gesehen).

ja, daß auf diesem Wege heute noch immer die beste Ausnutzung der Sonnenenergie erzielt wird.

Nun bilden sich in den Pflanzen auch recht wertvolle Stoffe (wie Kautschuk, Indigo, Kampher, Kopra usw.[1]), und diese Produktion läßt sich nicht nur

Fig. 17. Sonnenkraftmaschine von *Frank Shuman.*

ganz wesentlich steigern, sondern es lassen sich auch manche Pflanzen durch passende Impfung künstlich zur Bildung solcher wertvollen Stoffe anregen (z. B. Mais zur Bildung von Salicyl).

[1]) *Curtius* hat in Buchenblättern die Gegenwart von Formaldehyd, dem ersten Assimilationsprodukt der Kohlensäure bei Gegenwart von freiem Sauerstoff, nachgewiesen.

Ciamiccian geht aber noch weiter, indem er den Assimiliationsprozeß der Pflanzen künstlich nachmachen und industriell verwerten will, z. B. zur Synthese von Ozon, schwefliger Säure, Ammoniak usw. Er sagt ganz richtig[1]): „Wo die Vegetation üppig ist, wird man die photochemische Arbeit den Pflanzen überlassen, um durch rationelle Bodenkultur den Boden industriell auszunutzen; in den Wüstengebieten dagegen, die landwirtschaftlicher Kultur unzugänglich sind, wird in erster Linie die reine Photochemie zur praktischen Verwertung der Sonnenenergie dienen. Auf den dürren Gebieten werden dann industrielle Niederlassungen ohne Rauch und ohne Schneestürme entstehen. In Glashäusern und Röhren werden dort photochemische Prozesse zur Ausführung gelangen, die bisher nur den Pflanzen eigen waren, und die nun die Menschheit zu ihrem Nutzen verwenden wird. Wenn dann in einer weit entfernten Zukunft einmal die Kohlenvorräte erschöpft sind, wird die Kultur deshalb kein Ende haben, denn Leben und Kultur werden der Dämmerung nicht entgegen gehen, solange die Sonne scheint."

In ganz ähnlicher Weise will *Christian Winter*[2]) die ultravioletten Strahlen zur Umwandlung der Sonnenenergie in elektrische ausnutzen. Eine wässerige Lösung von Eisenchlorür und Quecksilberchlorid gibt im ultravioletten Lichte:

$$FeCl_2 + HgCl_2 \rightleftarrows FeCl_3 + HgCl\,,$$

eine Reaktion, die sich im Dunkeln im entgegengesetzten Sinne vollzieht. Diesen Umstand will er mittels eines Elementes zur Elektrizitätserzeugung ausnutzen, doch sind die so erhaltenen Spannungen sehr klein. So erzielt er bei Beleuchtung mit einer an ultravioletten Strahlen reichen Quecksilberbogenlampe 90, im Sonnenlicht aber nur 30 Millivolt, woraus sich auch die Notwendigkeit der Benutzung ultravioletter Strahlen ergibt.

Man kann die Energie der Lichtstrahlen auch in fluorescierenden Körpern aufspeichern, die nach hinreichender Bestrahlung selbst Licht aussenden (wie bei den leuchtenden Zifferblättern), doch ist der Wirkungsgrad dieser Lichtakkumulatoren ganz unbekannt.

Wie schon früher angedeutet, ist von allen eben besprochenen Versuchen, die Sonnenenergie auszunutzen, das älteste, von der Natur selbst benutzte Verfahren noch immer das wichtigste, wenn auch die anderen für unfruchtbare Gegenden oder bei hohen Kohlenpreisen zweifellos von Bedeutung sind. Es ist daher dringend, sowohl im volks- wie im energiewirtschaftlichen Interesse, geboten, der Förderung der Land- und Forstwirtschaft die größte Aufmerksamkeit zu schenken. Ist doch die Beschaffung von Lebensmitteln, die das Energiereservoir für die menschlichen Energieträger, also für die Bevölkerung, darstellen, für jedes Land das allerwichtigste, so daß es trachten muß, sich gerade in dieser Beziehung vom Ausland so unabhängig wie möglich zu machen.

---

[1]) l. c.

[2]) Zeitschr. f. Elektrochemie 18, 138, 1912.

Es muß hier jedoch darauf hingewiesen werden, daß die Strahlung der Sonne — entsprechend dem periodischen Auftreten von Sonnenflecken — gewissen Schwankungen unterliegt, die unter Umständen recht bedeutend sein können und, wie man glaubt, auch die verschiedenen Eiszeiten verursacht haben können. Gerade in letzter Zeit haben amerikanische Meteorologen den Beginn einer neuen kleinen Eiszeit als wahrscheinlich angenommen, die natürlich für die Erde einen beträchtlichen Energieentgang, ja eine Katastrophe für unsere Kultur darstellen würde.

b) Energie der Erdbewegung um die Sonne und ihre eigene Achse, Anziehung des Mondes.

Die Energie der Bewegung der Erde in ihrer Bahn um die Sonne sowohl, wie ihre Rotationsenergie um die Erdachse lassen sich, so groß diese auch sind, deshalb nicht ausnutzen, weil man diese Bewegungen nicht hemmen kann[1]).

Anders ist es mit der Anziehung des Mondes auf das Wasser des Meeres, welche im Verein mit der Achsendrehung der Erde Flut und Ebbe bewirkt, so daß die Ausnutzung dieser Energiequelle eigentlich in das Gebiet der Wasserkraftverwertung gehört. Der Höhenunterschied zwischen Ebbe und Flut ist recht verschieden: im Mittelmeer etwa 1 m, durchschnittlich 2 bis 4 m, an der Nordsee etwa 3 m, an manchen Orten 10 bis 12 m, ja bei Springflut noch höher. Bei gewöhnlicher Flut dauert das Steigen wie das Fallen 6 Stunden, bei Springflut dauert das Steigen 5, das Fallen aber $7^1/_2$ Stunden.

Schon im 11. Jahrhundert haben in Venedig „Flutmühlen" bestanden, und aus den Jahren 1438 und 1617 sind Beschreibungen solcher Anlagen vorhanden, ja sogar noch in diesem Jahrhundert haben in Brooklyn drei von Holländern um das Jahr 1637 erbaute derartige Flutmühlen bestanden, welche zu ähnlichen Anlagen in Dünkirchen (1713) und an der irischen Küste (1871) Anlaß boten. Diese Flutmühlen waren nichts anderes als Staubecken, die von der Flut gefüllt wurden und während der Ebbe unterschlägige Wasserräder in Bewegung setzten. Später wurden diese mit Vorteil durch Turbinen mit vertikaler Achse ersetzt (*Knobloch*). Diese Turbinen waren so gebaut, daß sie sowohl in der Flut- wie in der Ebbezeit benutzt werden konnten und bei einem Niveauunterschiede beider Flüssigkeitsspiegel von $^1/_2$ m die größte Leistung ergaben.

Im Jahre 1910 veröffentlichte der Hamburger Ingenieur *E. F. Prin* ein Projekt für ein derartiges Elektroflutwerk, das auf 750 PS veranschlagt war, in Husum an der Nordsee und gründete die Wasserkraftanlagen-G. m. b. H., und eine im Jahre 1913 fertiggestellte Versuchsanlage wies die Möglichkeit eines ununterbrochenen Betriebes sowohl bei Flut als bei Ebbe nach. Leider

[1]) Auch hier handelt es sich um gewaltige Energiemengen, und man hat beispielsweise die lebendige Kraft der Achsendrehung der Erde auf mehr als 213 Quadrillionen PS, jene der Erdbewegung um die Sonne (29 700 m/Sek) auf 190 Quintillionen mkg = $2^1/_4$ Quintillion PS, den Druck, welchen die gegenseitige Massenanziehung von Sonne und Erde hervorruft, auf 2 t je 1 qcm berechnet.

unterbrach der Weltkrieg diese Versuche und führte sogar zum Abbruch der Versuchsanlage. Seither sind in Frankreich, wie auch in England Projekte zur Anlage solcher Werke in der Nähe von Brest, bzw. an der Mündung der Sever aufgetaucht. Letztere Anlage wird das größte Kraftwerk der Erde sein, da es 1 000 000 PS gegen 385 000 PS der Niagarafälle liefern soll. Dieselbe ist für eine mittlere Leistung von 375 000 kW (= 500 000 PS) bei zehnstündigem Betriebe projektiert und sind 280 Maschinengruppen mit einer Leistung von je 1300 kW vorgesehen. Da die Druckhöhen zwischen $1^1/_2$ und 9 m — ja manchmal sogar binnen 1 Stunde um 3 m — schwanken, sind die Turbinen auf wechselnde Tourenzahlen (40 bis 80 Umdrehungen in der Minute) einstellbar. Durch Zahnradübersetzung werden Gleichstromgeneratoren angetrieben, deren Strom auf 525 V gehalten und durch Einankerumformer in Drehstrom von 330 V transformiert wird, dessen Spannung für die Fernleitung auf 60 000 bzw. 120 000 V erhöht wird.

Zunächst wird die Anlage nur zur Ebbezeit betrieben werden, zu welchem Zwecke ein Stausee im Wye-Tale und ein Kraftwerk in Tintern projektiert ist. Zur Füllung des Stausees dienen Kreiselpumpen von 1500 PS, die durch den Energieüberschuß des Severn-Kraftwerkes angetrieben werden. Auch das Tinternwerk ist für eine mittlere Leistung von 375 000 kW (= 500 000 PS) bestimmt, so daß bei Springflut eine Gesamtspitzenleistung von 750 000 kW (= 1 000 000 PS) erzielt werden kann.

Die Kosten sind auf 30 000 000 £, die Selbstkosten von 1 kW-St auf $^1/_2$ Farthing geschätzt; die Bauzeit dürfte 7 Jahre betragen.

Anschließend sei noch der Wellenmotor des Amerikaners *Wright* (1901 an der kalifornischen Küste aufgestellt) erwähnt. Bei demselben standen drei Schwimmer in Verwendung, die von den Wellen in vertikaler Richtung hin und her bewegt werden und eine Pumpe in Betrieb setzen, welche einen Hochbehälter mit Meerwasser füllt. Von diesem wird eine Turbine und ein Dynamo betrieben, die dauernd 9 PS leistet. Ähnlich wirkt der Wellenmotor in Ocean Grove (20 Meilen südlich von Newyork) bei welchem durch große Holzschaufeln, die von den Wellen bewegt werden, gleichfalls eine Pumpe betätigt wird. *Oliver Lodge* wollte als Schwimmer vier große Schiffskörper benutzen, deren Auf- und Abbewegung sich mit Hilfe eines brückenartigen Hebelwerkes auf ein Getriebe überträgt, doch hielt *Stevenson* es für schwierig, von dieser Anlage aus eine Verbindung mit dem Lande herzustellen, da er auf ein Quadratmeter der Küste Wellendrucke von 15 bis 35 t maß und berechnete, daß die Westküste Frankreichs bei einem einzigen kräftigen Windstoß 100 000 000 PS auszuhalten habe.

Alle diese Projekte werden übrigens auch mit der Unbeständigkeit der Wellenbildung zu kämpfen haben.

c) Wasserkräfte.

An die eben besprochenen Versuche reihen sich die bekannten Methoden der Ausnutzung von Flüssen, Bächen und Wasserfällen, sowie jener der Meeresströmungen, sei es zur Fortbewegung von Lasten in Schiffen und auf

Flößen, sei es zur Nutzbarmachung dieser Energien an einem gegebenen Orte mit Hilfe von Wasserrädern und Turbinen. In letzteren Fällen handelt es sich um die Umwandlung der mechanischen Energie geradliniger Bewegung in rotierende, was ja im allgemeinen vorteilhafter sein wird, als wenn sie auf dem Umwege einer hin- und hergehenden Bewegung erfolgt, wie bei der Kolbendampfmaschine.

Wo billige Wasserkräfte zur Verfügung stehen, kann es auch vorteilhaft sein, die mechanische Energie derselben über elektrische wieder in mechanische Energie oder in Wärme umzuwandeln. Hierbei bedient man sich zur Umwandlung der elektrischen Energie der Elektromotoren, bzw. geeigneter elektrischer Öfen, wie bei der Erzeugung von Calciumcarbid, Carborundum, Aluminium, Ferrosilicium, bei den elektrischen Hochöfen, den Elektrostahlöfen usw. — Die Rückumwandlung von mechanischer Energie über elektrische wieder in mechanische empfiehlt sich besonders dort, wo es sich um die Energieübertragung auf große Entfernungen oder auf nicht ortsfeste Maschinen (wie bei Laufkranen, Eisenbahnen usw.) von einem stabilen Elektrogenerator handelt.

Die verfügbaren Wasserkräfte sind allerdings recht bedeutend, reichen aber doch nicht hin, um den Kohlenbedarf gänzlich zu ersetzen. So haben *Kohen* und *Kaplan* die auf jeden Einwohner verschiedener Länder entfallenden Wasserkraftmengen wie folgt geschätzt:

Land	Verfügbare Pferdekräfte	Auf 1 Einwohner entfallen PS
Kanada	26 000 000	4
Vereinigte Staaten	100 000 000	1
Norwegen	13 000 000	5,2
Schweden	6 750 000	1,17
Finnland	2 600 000	0,8
Irland	2 000 000	22
Schweiz	1 500 000	0,4
Italien	5 500 000	0,15
Spanien	5 200 000	0,26
Frankreich	5 860 000	0,15
Österreich-Ungarn	6 130 000	0,12
Rußland	3 000 000	0,02
Deutschland	1 420 000	0,02
Balkanländer	10 000 000	0,6
Großbritannien	960 000	0,02

Auf die verschiedenen Erdteile entfallen etwa:

Europa	65	Millionen PS
Asien	236	„ „
Afrika	160	„ „
Nordamerika	160	„ „
Südamerika	94	„ „
Australien	30	„ „
Zusammen	745	Millionen PS

während *Lämmel* den Gesamtenergieverbrauch pro Kopf (wenn Heizung, Küche, Verkehrswesen, Industrie und Landwirtschaft nur elektrische Energie verwenden) auf etwa 2 kW = 2,7 PS veranschlagt. Es würden daher nur wenige, und zwar meist dünnbevölkerte Länder einen Überschuß an Wasserkräften besitzen[1]).

Für das Jahr 1920 betrug nach *Steinmetz* in den Vereinigten Staaten von Nordamerika die Kohlenförderung etwa 600 000 000 t mit durchschnittlich 7000 Cal., so daß einem Kohlenverbrauch von 1 t nahezu 1 kW-Jahr entspricht. Davon wurden

	zur Krafterzeugung	zum Heizen
verwendet	∾ 50 Proz.	∾ 50 Proz.
bei einem Wirkungsgrad von	15 „	35 „

oder im Durchschnitt von ∾ 25 Proz., was also einer Gesamtjahresleistung von 150 000 000 kW-Jahren entspricht. Unter Zugrundelegung der Bodenfläche, Regenhöhe und Höhe über dem Meeresspiegel berechnet er die gesamten verfügbaren Wasserkräfte

zu etwa	950 000 000 kW-Jahre
wovon nach Abzug der für die Landwirtschaft benötigten Wassermengen sowie der Verluste durch Verdunsten und Versickern etwa	380 000 000 kW-Jahre
übrigbleiben würden. Schätzt man die Verluste bei der Umwandlung der elektrischen Energie und bei der Stromverteilung auf 40 Proz, so stünden zur Verfügung etwa	230 000 000 kW-Jahre.

Allein diese theoretisch mögliche Höchstleistung wäre nur dann zu erreichen, wenn jeder Strom, Fluß und Bach, ja überhaupt jedes Gerinne bis herab zum Meeresspiegel durch das ganze Jahr und zu jeder Jahreszeit ganz und vollständig ausgenutzt werden könnte, wenn also alles Wasser in Staubecken gesammelt und zum Turbinenbetriebe benutzt, die Abwässer aber wieder in dem nächsten tiefer liegenden Staubecken angesammelt würden, wozu noch kommt, daß in den Vereinigten Staaten schon heute 25 Proz. der Wasserkräfte ausgenutzt werden, also noch in Abzug zu bringen sind. Überdies steigt der Kraftbedarf rasch immer höher an, so daß *Steinmetz* denselben für Amerika im Jahre 1958 auf 2 500 000 000 kW-Jahre schätzt, wonach selbst die ganz vollkommen ausgenutzten Wasserkräfte nicht einmal $^1/_{10}$ des Energiebedarfes decken würden.

Aber, während einerseits die verfügbaren Wasserkräfte die Verwendung von Brennstoffen nicht ganz entbehrlich machen können, werden sich doch auch noch für den so gewonnenen Strom Absatzschwierigkeiten ergeben, wie folgende Betrachtungen zeigen.

Der Ausbau der Wasserkräfte wird gegenwärtig mit vollem Recht allseits in Angriff genommen, denn dies liegt im vollen Interesse der Volkswirtschaft, bzw. der volkswirtschaftlichen Energiewirtschaft; privatwirtschaftlich kann

[1]) Könnte man die mechanische Energie des fallenden Regens ausnutzen, so würde man etwa 700 mal mehr Arbeit leisten können, als uns die Wasserfälle zur Verfügung stellen (*Svante Arrhenius*, l. c.).

das aber durchaus nicht genügen, sondern man muß auch die Verwertung derselben vorbereiten, was gar nicht so einfach ist, wie es auf den ersten Blick erscheint.

Schon vor Jahren hat der Verfasser darauf hingewiesen, daß die „Elektrifizierung" der Bahnen — an welche man ja in dieser Beziehung in erster Linie denkt — verhältnismäßig wenig Strom verbraucht. Reichen doch die beiden relativ kleinen Elektrizitätswerke Spullersee und Rutzbach in Tirol, mit ursprünglich 12 000 PS, nach dem Ausbau etwa 24 000 PS mittlerer Jahresleistung und einer Höchstleistung von anfangs 24 000, jetzt 48 000 PS, sowohl für die Strecke Bregenz-Kufstein, Feldkirch, Buchs, die Mittenwaldbahn und die Stubaitalbahn (also rund 300 km Streckenlänge), worin die Arlbergbahn mit ihrer starken Steigung inbegriffen ist, aus. Schon damals wurde hervorgehoben, daß es notwendig sei, für andere Absatzgebiete des elektrischen Stromes vorzusorgen, wobei in erster Linie die chemische und metallurgische Industrie in Betracht kommen. So hat die Elektrostahlerzeugung überall Fuß gefaßt, die Elektroroheisenerzeugung wurde in Ländern, welche über billige Wasserkräfte und Eisenerze verfügen, erfolgreich eingeführt, die Elektrochemie stellt Aluminium, Carbid, Carborundum, Ferrosilicium, ja auch organische Verbindungen, wie Spiritus, Essig, Aceton, in bedeutenden Mengen her.

Freilich wird der elektrische Strom auch in nicht unbeträchtlicher Menge für häusliche Zwecke, wie Beleuchtung, Beheizung, Betrieb von Kleinmotoren (Nähmaschinen, Staubsauger, Bügeleisen usw.) verwendet, aber das kann nicht die Hauptaufgabe großer Wasserkraftwerke sein! Für diese Zwecke, man möchte fast sagen, für den Detailhandel mit elektrischem Strom, wäre am besten die Ausnutzung von Abfallenergien heranzuziehen, die ja in erster Linie in der Gewinnung von elektrischem Strom besteht.

Zu ganz den gleichen Schlüssen kam auch ein im Jahre 1925 erschienenes Buch[1]), in welchem nachgewiesen wird, daß 85 Proz. unseres industriellen Kohlenverbrauches nicht durch Wasserkraft ersetzt werden können.

Wo große Ströme und bedeutende Flüsse vorhanden sind, liegt es nahe, die Wasserkräfte auch dort, wo kein genügendes Gefälle zur Verfügung steht, um die rationelle Anwendung von Turbinen zu gestatten, besser auszunutzen, als dies durch Wasserräder (z. B. bei Schiffsmühlen) möglich ist. Schon um das Jahr 1890 hat ein Erfinder zu diesem Zwecke Schwimmturbinen vorgeschlagen, welche ähnlich wie die Wasserräder der Schiffmühlen, zwischen zwei verankerten Booten mit horizontalliegender Achse angeordnet, durch den Wasserstrom unmittelbar betrieben werden sollten. In letzter Zeit haben die Wiener Ingenieure *Suess* und *Pucher* eine „Freistromturbine" konstruiert, die auf dem gleichen Gedanken beruht. Eine derartige kleine Versuchsanlage, die mit einem 200 kg schweren, vierflügeligen Propeller ausgestattet ist, der in der Minute 80 bis 200 Umdrehungen macht, gibt etwa 6 bis 7 PS und treibt eine Dynamomaschine, welche eine 1000kerzige Halbwattlampe betätigt, ein am Ufer liegendes Gasthaus samt Garten beleuchtet und überdies noch eine Mühle

[1]) Ing. *Gerbel*, „Irrtum und Wahrheit über Wasserkraft und Kohle."

treibt. Der Wirkungsgrad der Maschine beträgt nach einwandfreien Messungen 74 Proz. Die Gestehungskosten des Stroms betragen bei einer Strömungsgeschwindigkeit von 2,5 m (Donau bei Wien) für 1 PS-St weniger als 3 Groschen, und bei einer Strömungsgeschwindigkeit von 1,6 m arbeitet die Anlage rentabler als ein Dieselmotor. Wahrscheinlicherweise wird diese Freistromturbine auch zur Ausnutzung der Meeresströmungen herangezogen werden können.

d) Wind.

Ähnlich wie bewegtes Wasser, kann auch bewegte Luft, also Wind, als Energiequelle herangezogen werden. Man hat (*Wiebe*) für 1 m² Luftquerschnitt bei 10 bis 20 m Höhe über dem Boden eine Windleistung von 50 bis 100 Watt (= 0,072 bis 0,144 PS) berechnet, das gäbe für ganz Deutschland für einen Luftstreifen von 1000 km Länge, 10 bis 20 m Höhe und nur 1 m Breite eine Leistung von 10 · 100 · 1000 = 1 000 000 kW, wovon allerdings noch die mit der Nutzbarmachung verbundenen Verluste in Abzug zu bringen wären. Würde man mehrere solche Streifen durch den über Deutschland liegenden Luftraum legen, so ergäbe das eine durchschnittliche Windleistung von einigen Milliarden Kilowatt, wobei allerdings Windstillen sowohl als Orkane gewaltig störend einwirken würden.

Argentinien hatte vor dem Weltkriege 12 000 Windmühlen, Deutschland vor dem Jahre 1900 etwa 15 000, die alle nur kleine Anlagen (zum Kornmahlen, zum Wasserpumpen und hin und wieder auch zur Stromerzeugung für einzelne Gehöfte) betrieben. In Dänemark bestehen seit 1915 gegen 70 Windmotoren, mit einer Leistung von je 150 PS. welche Dynamos zum Laden von Akkumulatoren antreiben.

Die deutsche Stahlwindturbine dient zum Heben des Wassers in hochliegende Staubecken, welche wieder zum Speisen von Turbodynamos dienen. Im letzten Kriegsjahr wurde in Holland eine solche Turbine mit einem Windrade von 15 m Durchmesser auf einem 16 m hohen Stahlturme errichtet, die ein 1,30 m unter dem Meeresspiegel liegendes Sumpfgebiet mittels einer Wasserschnecke von 1,8 m Durchmesser entwässert. Sie liefert bei einer mittleren Windgeschwindigkeit von 8 m in der Sekunde pro Minute 63 000 l Wasser.

e) Erdmagnetismus und Erdströme

konnten bisher noch keine technische Verwendung finden; vielleicht gelänge letzteres, wenn man (*H. Günther*) eine der beiden zur Stromabnahme dienenden Elektroden in großer Tiefe anbringen würde.

f) Luftelektrizität.

Auch die Versuche, die Luftelektrizität nutzbar zu machen, haben noch zu keinen Erfolgen geführt. Schon 1753 hat *Monnier* das Vorhandensein von Elektrizität in der Luft auch bei schönem Wetter nachgewiesen, und neuere Untersuchungen zeigten, daß die Luft in verschiedenen Höhen auch verschiedene Spannungen besitzt, die sowohl durch die negative Ladung der Erdoberfläche (Wirkung radioaktiver Stoffe) als durch die positive Ladung der Luft (unter dem Einfluß ultravioletter Strahlen) hervorgerufen werden. Mit dem Höhenunterschiede wachsen diese Spannungen, so daß die Gesamtspannung nach Messungen von *Linke* beträgt:

Für	1 500 m Höhe	. . . . . .	120 000 V
„	4 000 m „	. . . . . .	165 000 „
„	8 000 m „	. . . . . .	190 000 „
„	10 000 m „	höchstens . .	200 000 „

Nach *Ruppel* wächst die Spannung für 1 m Höhenunterschied

in der Nähe des Bodens um . .	100—150 V
in 15 m Höhe um etwa	25 „
„ 4000 m Höhe um etwa . . .	10 „
„ 8000 m Höhe um etwa . . .	2 „

also mit wachsender Höhe um immer kleinere Beträge.

Auf diese Weise werden also Niveauflächen gleicher Spannung entstehen, doch wird der regelmäßige Verlauf dieser Potentialflächen durch Bodenerhebungen — wie Berge, Türme und Bäume — gestört, so daß sie oberhalb solcher Erhöhungen näher aneinander rücken (Fig. 18), was auch erklärt, daß der Blitz in hohe Gebäude leichter einschlägt.

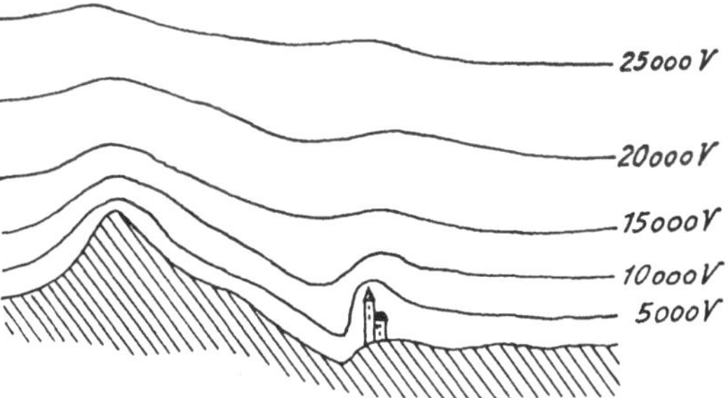

Fig. 18. Spannungskurven der Luftelektrizität.

Um diese Spannungen auszunutzen, hat *Paulsen* vorgeschlagen, Fesselballons, die aus Leichtmetallen hergestellt, mit Wasserstoff oder Helium gefüllt und von der Erde isoliert sind, zu benutzen. Der Strom sollte mittels eines Drahtseiles zur Erde geleitet und in einem von ihm erfundenen „Resonanzmotor" in einen Hochfrequenzstrom umgewandelt werden, der in Arbeitsmaschinen oder Dynamos nutzbar gemacht werden sollte. Er hofft durch solche auf unfruchtbarem Boden verteilte Sammelanlagen auf 1 qkm Bodenfläche stündlich 200 bis 500 PS erhalten zu können.

Demgegenüber schätzt *Ruppel* die Stärke des von der Atmosphäre zur Erde gehenden Vertikalstromes im Mittel auf höchstens 0,000 000 002 Amp auf 1 qm Erdoberfläche, was für ganz Deutschland nur etwa 1, für die ganze Erde rund 1000 Amp ausmachen würde. Allerdings würden sich diese Ströme wesentlich verstärken, wenn man die nur schwach leitende Luftsäule durch einen metallischen Leiter ersetzen würde. So gab ein Drache in 140 m Höhe Ströme bis zu 0,02 Amp pro Quadratmeter. Die Stromstärke wächst natürlich mit der Größe der Sammelfläche, doch glaubt *Ruppel*, daß letztere — um größere Stromstärken zu erhalten — außerordentlich groß (er meint, viele 1000 qkm) sein müßte. Überdies wird das Nachfließen von Elektrizität, das hauptsächlich aus höheren Luftschichten erfolgen müßte, wegen der geringen Leitfähigkeit der Luft nur sehr langsam erfolgen können.

Man könnte nun auch daran denken, die elektrische Entladung bei einem Gewitter als Energiequelle nutzbar zu machen. So hat man Stromstärke und Spannung derartiger Blitzentladungen auf 10 000 Amp und bis 500 000 V, die Spannung eines 2 km langen Blitzes aber sogar auf 25 000 000 V geschätzt. Nimmt man die Dauer eines solchen Blitzes mit $^1/_{100}$ sek an, so gäbe das eine Gesamtenergie von 700 kW-St, und falls ein Gewitter in einer gegebenen Gegend 100 solcher Blitzentladungen brächte, was recht hoch geschätzt ist, so würde die Gesamtenergie derselben 70 000 kW-St, oder — vorausgesetzt, daß im Jahre 30 solcher Gewitter vorkommen — im ganzen 2 100 000 kW-St ausmachen.

g) Radioaktive Elemente.

Eine sehr erhebliche Energiequelle wären die radioaktiven Elemente, bei deren Zerfall recht beträchtliche Wärmemengen freiwerden. So gibt 1 g Radium bei seinem Zerfall in Emanation und Helium in jeder Stunde 130 cal (= 0,13 Cal) an Wärme ab, und erst nach 1750 Jahren ist die Hälfte desselben zersetzt! Bei seinem vollständigen Zerfalle würde es 442 000 Cal (= 1035 mkg), also 12 000 mal so viel wie 1 g Wasserstoff oder 74 700 mal so viel Wärme als 1 g Kohlenstoff bei ihrer vollständigen Verbrennung abgeben. Das wäre eine ganz außerordentliche Energiequelle, deren Ausnutzung aber leider an der Unmöglichkeit scheitert, den Zerfall des Radiums zu beschleunigen, während andererseits erst 7000 kg Joachimstaler Pechblende 1 g Radium enthalten.

Immerhin ist dieser Zerfall solcher Elemente eine so interessante Erscheinung, die namentlich für unsere Kenntnis vom inneren Aufbau der Elemte von großer Wichtigkeit ist, daß im folgenden noch etwas näher hierauf eingegangen werden möge.

Wahrscheinlich können alle Elemente in dieser Weise zerfallen, wofür der Umstand spricht, daß Kalium und Rubidium scharfe β-Aktivität zeigen (d. h. Elektronen abgeben). Allerdings scheint nur bei Elementen mit hohen Atomgewichten die Zerfallsgeschwindigkeit groß genug zu sein, um diesen Vorgang sicherstellen zu können. Bisher sind nur zwei Elemente (und zwar gerade jene mit den höchsten Atomgewichten: Uran = 238,2 und Thorium = 232,5) bekannt, welche als Ausgangspunkte für den radioaktiven Zerfall anzusehen sind und durch Abgabe von α-Strahlen (Helium und wahrscheinlich auch Wasserstoff) und von β-Strahlen (Elektronen) in andere Elemente von niedrigerem Atomgewicht übergehen.

Hierbei zeigt die Zerfallsreihe des Radium eine Teilung in zwei Äste, die man als Radiumreihe und Aktiniumreihe bezeichnet.

In der folgenden Tabelle sind diese Umwandlungsreihen übersichtlich zusammengestellt. Die neben jedem Element dieser Reihen in Klammern beigesetzten Zahlen stellen die Atomgewichte dar, während die darunterstehenden Zahlen jene Zeit bedeuten, nach welcher die Hälfte des betreffenden

Elementes zersetzt ist (**Halbwertzeit**). Die neben diesen Halbwertzeiten in Klammern gesetzten griechischen Buchstaben endlich geben an, in welcher Weise die Umwandlung erfolgt.

Stufen des radioaktiven Zerfalles.

Uran ($U = 238{,}2$)		Thorium ($Th = 232{,}5$)
$5 \cdot 10^9$ Jahre (α)		$15 \cdot 10^5$ Jahr (α)
Uran X_1 (UX_1)		Mesothorium I ($Ms\,Th_2$)
24 Tage (β)		5,5 Jahre (β)
Uran X_2 (UX_2)		Mesothorium II ($Ms\,Th_2$)
1,15 Minuten (β, γ)		6,2 Stunden (β, γ)
Uran II (U_2)		Radiothorium (Ra Th)
$2 \cdot 10^6$ Jahr (α)	$2 \cdot 10^6$ Jahr (α)	19 Jahre (α)
Jonium (Jo)	Uran Y (UY)	Thorium X (Th X)
10^5 Jahre (α)	25,5 Stunden (β)	3,7 Tage (α)
—	Protactinium ($Pa = 231$)	—
—	1200 bis 1800 Jahre (α)	—
Radium ($Ra = 226$)	Actinium ($Ac = 226$)	—
1750 Jahre (α)	30 Jahre (β)	—
—	Radio-Actinium (Rd A)	—
—	19,5 Tage (α)	—
—	Actinium X (Ac X)	—
—	11,5 Tage (α)	—
Radium Emanation (Ra Em)	Actinium Emanation (Ac Em)	Thorium Emanation (Th Em)
3,85 Tage (α)	3,9 Sekunden (α)	54 Sekunden (α)
Radium A (Ra A)	Actinium A (Ac A)	Thorium A (Th A)
3 Minuten (α)	$2 \cdot 10^{-3}$ Sekunden (α)	0,14 Sekunden (α)
Radium B (Ra B)	Actinium B (Ac B)	Thorium B (Th B)
29 Minuten (β, γ)	36 Minuten (β, γ)	10,6 Stunden (β, γ)
Radium C (Ra C)	Actinium C (Ac C)	Thorium C (Th C)
15,9 Min. (α) 15,9 Min. (β, γ)	2,15 Min. (α) 2,15 Min. (β)	60 Min. (α) 60 Min. (β)
Radium C'' (RaC'') Radium C' (RaC')	Actinium C'' (AcC'') Actinium C' (AcC')	Thorium C'' (ThC'') Thorium C' (ThC')
1,4 Min. (β,γ) 10^{-6} Sek. (α)	4,7 Min. (β,γ) $5 \cdot 10^{-3}$ Sek. (α)	3,1 Min. (β,γ) 10^{-11} Sek. (α)
Radium D (Ra D)	—	—
16 Jahre (β, γ)	—	—
Radium E (Ra E)	—	—
5 Tage (β, γ)	—	—
Radium F = Polonium ($Po = 210$)	—	—
136 Tage (α)	—	—
Radium G = Radiumblei	Actinium D = Actiniumblei	Thorium D = Thoriumblei
∞	∞	∞

Zwischen diesen verschiedenen Umwandlungen besteht — namentlich in der von den (gasförmigen) Emanationen zum Blei führenden Reihen — ein auffallender Parallelismus. Aber auch die Änderung der Atomgewichte läßt sich, soweit dieselben bestimmt sind — mit der Zahl der α-Umwandlungen, die ja auf einer Abscheidung von Helium (He = 4) beruhen — in Zusammenhang bringen.

Uran	= 238,2	
		$\Delta = 12{,}2 \cong 3 \cdot 4$; 3 α-Umwandlungen
Radium	= 226	
		$\Delta = 16 \cong 4 \cdot 4$; 4 α-Umwandlungen
Polonium	= 210	
		$\Delta = 4 = 4$; 1 α-Umwandlung
Radiumblei	= 206 (berechnet)	

Uran	= 238,2	
		$\Delta = 7{,}2 \cong 2 \cdot 4$; 2 α-Umwandlungen
Protactinium	= 231	
		$\Delta = 5 \cong 4 \cdot 1$; 1 α-Umwandlung
Actinium	= 226	
		$\Delta = 20 = 5 \cdot 4$; 5 α-Umwandlungen
Actiniumblei	= 206 (berechnet)	

Thorium	= 232,5	
		$\Delta = 24 = 6 \cdot 4$; 6 α-Umwandlungen
Thoriumblei	= 208,5 (berechnet)	

Das Mittel aus den berechneten Atomgewichten der drei isotopen Bleiarten ist $\frac{206 + 206 + 208{,}5}{3} = 207{,}5$, während das Atomgewicht des gewöhnlichen Bleies, das wahrscheinlich ein Gemisch der verschiedenen Isotopen enthält, zu 207,2 gefunden wurde. Tatsächlich fand auch *Hönigschmied* die Atomgewichte des Bleies

aus sehr reiner, krystallisierter Pechblende zu . . 206,08,
aus möglichst reinem Thorit zu . . . . 207,9.

Hier ist noch hervorzuheben, daß der radioaktive Zerfall der Elemente nicht nur von Temperatur und Druck, sondern auch davon unabhängig ist, ob der radioaktive Stoff als Element, oder als chemische Verbindung, oder endlich mit anderen Stoffen gemengt, vorhanden ist. Immerhin glaubt *Nernst*, daß die radioaktiven Prozesse bei außerordentlich hohen Temperaturen umkehrbar sein dürften.

Die Zerfallsprodukte von Uran und Thorium sind — freilich in außerordentlich geringen Mengen — auf der Erde sehr verbreitet. So finden sich Emanationen von Radium und Thorium sogar in der atmosphärischen Luft, wie folgende, in Volumteilen angegebene Luftanalyse zeigt[1]):

Sauerstoff		209 500	Vol
Stickstoff		780 500	,,
Kohlensäure	ca.	300	,,
Wasserdampf (wechselnd)	,,	3,3	,,
Wasserstoff		1,00	,,

[1]) *O. Brill*, Ges. der Naturforscher und Ärzte, 1909.

Stickstoffverbindungen	ca.	3,00 Vol
Schwefelverbindungen	,,	1,00 ,,
Staub, Sand, Ruß, Keime usw.	,,	100,00 ,,
Ozon		1,00 ,,
Wasserstoffsuperoxyd		0,003 ,,
Argon		9370,00 ,,
Neon		12,00 ,,
Helium		4,8 ,,
Krypton		0,05 ,,
Xenon		0,006 ,,
Radiumemanation		0,000 000 000 000 060 ,,
Thoriumemanation		0,000 000 000 000 000 002 ,,

Die Aktiniumemanation kann wegen ihrer kurzen Lebensdauer (Halbwertzeit 3,9 sek) in der Luft nicht nachgewiesen werden.

Jedenfalls enthalten auch die anderen Weltkörper radioaktive Elemente, die somit auch an der Sonnenstrahlung Anteil haben. Würde die Sonne ganz aus Uran bestehen, so würde dessen Zerfall ungefähr die Hälfte der Sonnenstrahlung decken. 1 g Uran gibt im stationären Zustand (d. h. im radioaktiven Gleichgewicht mit allen Abbauprodukten) $2,5 \cdot 10^{-8}$ cal pro Sekunde ab[1]). Eine Uranmasse gleich der Sonnenmasse, würde also $1,9 \cdot 10^{33}$ mal $2,5 \cdot 10^{-8}$, das ist $0,48 \cdot 10^{26}$ cal entwickeln, während die Sonne gegenwärtig in Wirklichkeit etwa 10^{26} cal in der Sekunde ausstrahlt[2]).

Wenn die Energie des radioaktiven Zerfalles aber auch noch keine wirtschaftliche Ausnutzung ermöglicht, so hat sie doch auf rein wissenschaftlichem Gebiete eine für unsere Kenntnis vom Aufbau der Atome höchst wichtige Verwertung gefunden, indem man die radioaktive Strahlung, und namentlich die α-Strahlen, welche eine außerordentlich konzentrierte Energieform darstellen, die viel kräftiger wirkt als unsere brisantesten Sprengmittel, auf die Atome einwirken ließ und es tatsächlich in vielen Fällen gelang, dieselben so zu zertrümmern, oder richtiger gesagt, auf diese Weise Bruchstücke derselben von ihnen loszureißen[3]).

Nachdem *Rutherford* seine Kernhypothese des Atombaues aufgestellt hatte und (1914—1919) *Darwin* theoretisch, *Marsden* und *Lantsberry* sowie *Rutherford* eine neue Strahlenart (H-Strahlen) gefunden und als durch den Stoß von schnellen α-Teilchen in noch schnellere Bewegung, als diese selbst besitzen, versetzte Wasserstoffkerne erkannt hatten, gelang es *Rutherford* auf diese Weise, aus dem Stickstoff ähnliche Wasserstoffteilchen abzuscheiden, also die erste Atomzertrümmerung durchzuführen. Seither haben sich zahlreiche Forscher, worunter namentlich *Rutherford* und *Chadwick*, *Bates* und *Rogers* sowie auch in hervorragendem Maße das Wiener Institut für Radiumforschung mit diesen Aufgaben beschäftigt, und es gelang ihnen, die Ab-

[1]) *St. Meyer* und *E. v. Schweidler*, „Lehrbuch der Radioaktivität".

[2]) *Nernst*, „Das Weltgebäude im Lichte der neueren Forschung", 1921, S. 57.

[3]) Einen sehr interessanten Überblick hierüber gibt *H. Pettersson* und *G. Kirsch*, Atomzertrümmerung; Verwandlung der Elemente durch Bestrahlung mit α-Teilchen. Leipzig 1926.

spaltung von Wasserstoffkernen aus folgenden Elementen mit Sicherheit nachzuweisen:

Element	Atomnummer	Beobachter
Lithium.	3	*Kara-Michailowa*
Beryllium	4	*Kirsch* und *Pettersson*
Bor	5	*Rutherford* und *Chadwick*
Kohlenstoff . . .	6	*Pettersson*
Stickstoff	7	*Rutherford* und *Chadwick*
Sauerstoff. . . .	8	*Kirsch*
Fluor.	9	*Rutherford* und *Chadwick*
Neon	10	,, ,, ,,
Natrium	11	,, ,, ,,
Magnesium . . .	12	*Kirsch* und *Pettersson*
Aluminium . . .	13	*Rutherford* und *Chadwick*
Silicium.	14	*Kirsch* und *Pettersson*
Phosphor	15	*Rutherford* und *Chadwick*
Schwefel	16	,, ,, ,,
Chlor	17	,, ,, ,,
Kalium	18	,, ,, ,,
Argon	19	,, ,, ,,
Titan	22	*Kirsch* und *Pettersson*
Chrom	24	,, ,, ,,
Eisen.	26	,, ,, ,,
Kupfer	29	,, ,, ,,
Selen	34	,, ,, ,,
Brom.	35	,, ,, ,,
Zirkon	40	,, ,, ,,
Zinn	50	,, ,, ,,
Tellur	52	,, ,, ,,
Jod	53	,, ,, ,,

Damit ist es mindestens sehr wahrscheinlich geworden, daß aus allen Elementen durch die Stoßwirkung von α-Teilchen (gleichgültig ob als solche oder in chemischer Verbindung vorhanden) Wasserstoffteilchen abgetrennt werden können, und *Kirsch* und *Pettersson* schlossen aus ihren Versuchen, daß hierbei das zertrümmernd wirkende α-Teilchen wenigstens vorübergehend an dem Kernreste haften bleiben und so ein Atomkern von größerer Masse und höherer Kernladung gebildet, also eine Synthese von Elementen aus solchen von niedrigeren Atomgewichten und Helium erzielt werden könne. (Siehe auch die Nachträge, S. 129!)

h) Nullpunktenergie.

In neuerer Zeit neigt man zu der Ansicht, daß die Atome der Körper, selbst wenn man sie auf den absoluten Nullpunkt (— 273° C) abkühlt, noch recht beträchtliche Energiemengen enthalten[1]), und *Nernst* hat die Vermutung ausgesprochen, daß diese Nullpunktenergie imstande sei, aus den Zerfallsprodukten der radioaktiven Stoffe neue Elemente, ja neue Welten aufzu-

[1]) Verh. d. phys. Ges. **18**, 83 (1916).

bauen[1]). Das wäre allerdings vom universell-weltwirtschaftlichen Standpunkt betrachtet (diesen Begriff im weitesten wissenschaftlichen Sinne genommen), von allergrößter Bedeutung; aber auch hier ist leider für uns heute eine technische Ausnutzung dieser enormen Energiemengen noch aussichtslos.

An dieser Stelle wollen wir nochmals auf die Wirkung der Ätherwellenstrahlen zurückkommen.

Die Wirkungen, welche die Ätherwellen auszuüben vermögen, sind an bestimmte Teile der Materie (materielle Resonatoren oder Oszillatoren) gebunden[2]). Solche Oszillatoren bestehen aus einem positiv und einem negativ geladenen Teilchen, und zwar können dieselben sowohl Elektronen, als Atome und komplexe Ionen sein (z. B. $Ca\overset{+}{F}$ und $\overset{-}{F}$ im Flußspat). Solche Oszillatoren, zwischen welchen Kräfte spielen, können Eigenschwingungen vollführen, deren Schwingungszahl von den zwischen ihnen auftretenden Kräften und ihren Massen abhängig sind. Die so möglichen Eigenschwingungen werden um so kleiner, je loser ihre Bindung und je größer die Masse der Teilchen ist. Es werden daher die Schwingungen der größeren Massen (Atome oder komplexe Ionen) den größten Wellenlängen (Ultrarot), jene der Elektronen aber den größeren Schwingungszahlen (Ultraviolett) entsprechen. Auf der Hervorrufung solcher Eigenschwingungen beruht nun die Absorption der Ätherwellen.

Die sog. elektrischen Wellen werden von Molekülassoziationen absorbiert. So besitzt Wasser 3 Absorptionsbanden zwischen $\lambda = 65$ cm und $\lambda = 27$ cm[3]). Substanzen, welche freie Elektronen enthalten, absorbieren schon in dünner Schicht alle Wellenlängen. Hierbei entstehen in dem Leiter Wechselströme, die sich bei höheren Schwingungszahlen in Wärme umsetzen. Bei noch kleineren Wellenlängen können auch Elektronen herausgerissen werden.

Die Absorption der ultraroten Strahlen beruht auf entstehenden Schwingungen der Moleküle oder ihrer Teile [Anionen, Kationen[4])]. Da bei höheren Temperaturen die Bestandteile der Moleküle weiter auseinanderrücken, die Bindungen zwischen ihnen also lockerer werden, verschieben sich die so zustandekommenden Eigenschwingungen zu größeren Wellenlängen.

Strahlen mit kleineren Wellenlängen als Ultrarot werden von den Elektronen emittiert und absorbiert. Je stärker das Elektron im Oszillator gebunden ist, um so kleinere Wellenlängen kommen in Frage.

Die chemischen Wirkungen der Strahlen äußern sich an den sog. Valenzelektronen, sie beruhen ebenso wie die ionisierenden Wirkungen auf dem Losreißen negativer Elektronen, die im Vacuum als langsame Kathodenstrahlen auftreten.

[1]) *Nernst* denkt sich, daß die Elektronen sowohl wie die Atomkerne schließlich aus Ätherteilchen aufgebaut sind, und daß der Lichtäther ungeheure Mengen von Energie in Form von Schwingungsenergie enthalte. Er gibt als untere Grenze dieser Nullpunktenergie $0{,}36 \cdot 10^{16}$ cal für jeden Kubikzentimeter an, während *Wichert* („Der Äther im Weltbilde der Physik", 1921) dieselbe auf mindestens $7 \cdot 10^{30}$ Erg/ccm $= 0{,}9 \cdot 10^{22}$ cal für jeden Kubikzentimeter schätzt.

[2]) *E. Brummer*, Z. f. Elektrochem. 1926, S. 7ff.

[3]) *R. Weichmann*, Ann. d. Phys. **66**, 501 (1921) und Ph. Z. **22**, 535 (1921).

[4]) *Drude* in *G. Laski* „Ergebnisse der exakten Naturwissenschaft" III, 86 (1921).

Bei den Phosphorescenzerscheinungen werden durch die erregenden Lichtstrahlen aus dem Metallatom Elektronen losgelöst, die dann in der Nachbarschaft der Metallatome durch ein Schwefel- oder Selen-Atom einige Zeit festgehalten werden, jedoch zufolge der molekularen Wärmebewegung allmählich wieder in ihre ursprüngliche Lage zurückkehren. Hierbei werden andere (Emissions-) Elektronen angeregt, welche die Emission des Phosphorescenzlichtes besorgen. Die auf ganz ähnlichen Erscheinungen beruhende Fluorescenz geht bei niedrigerer Temperatur in Phosphorescenz über und umgekehrt.

Sichtbares Licht wirkt hauptsächlich auf die äußeren Elektronen; diese Einwirkung wächst mit abnehmender Wellenlänge, so daß die kurzwelligen Röntgen- und Gammastrahlen auch schon auf die innersten Elektronen einwirken. Wenn Röntgenstrahlen einen Körper passieren, so wird ein Teil derselben absorbiert und ruft eine Wärmewirkung hervor, die zur Bildung neuer sekundärer Strahlen Anlaß gibt[1]).

Bei größeren Wellenlängen wirken also die Strahlen nur auf die äußersten Elektronen ein, während sich mit abnehmender Wellenlänge diese Wirkung immer mehr ins Atominnere erstreckt und selbst am Atomkern geltend machen kann.

Während der freiwillige Zerfall der Atome nur bei radioaktiven Stoffen auftritt, kann man auch auf künstlichem Wege eine Atomzertrümmerung erreichen, die man als zwangsweise Radioaktivität bezeichnen kann. Solche Atomzertrümmerungen gelangen *Rutherford*[2]) beim Stickstoff, Bor, Fluor, Natrium, Aluminium und Phosphor durch die Einwirkung der α-Strahlen, ferner *Ramsay* und *Cameron*, den Wiener Forschern *Miethe*[3]) und *Hausreich*[3]), sowie *Gaschler*[4]).

VI. Verfügbare Energiequellen und ihre Ausnutzung.

(Fortsetzung.) Wärme des Erdinnern, Brennstoffe und andere Energiereservoire, Brennstoffveredelung, Thermosäulen und Brennstoffelemente.

i) Wärme des Erdinnern.

Erfolgreicher als bei den letztbesprochenen Energiequellen waren die Versuche, die Wärme des Erdinnern (heiße Quellen usw.) nutzbar zu machen. So ist während des Weltkrieges in Larderello bei Volterra in Italien ein Kraftwerk (Überlandzentrale mit 10 000 PS) entstanden, bei welchem die der Erde entströmenden heißen Dämpfe zur Heizung von Kesseln

---

[1]) Und zwar zerstreute Röntgen- und Kathodenstrahlen, charakteristische Röntgen- (oder Fluorescenz-) Strahlen und ebensolche Kathodenstrahlen.

[2]) Handb. d. Rad. **2**, 273.

[3]) Die Naturw. 1924, **12**, 744; 1925, **13**, 635 usw.

[4]) Z. anorg. Chem. 1925, **7**, 127.

Verwendung finden. — Ursprünglich wollte man den aus der Erde (*Soffiotti*) ausströmenden Naturdampf (180° C) unmittelbar zum Betrieb einer Niederdruckdampfmaschine benutzen, doch enthielt der ausströmende Dampf neben Borsäure und Ammoniak noch Spuren von Schwefelsäure und erdigen Bestandteilen, welche Zylinder und Dampfleitungen rasch verschmutzten und zerstörten, sowie 4 bis 5 Proz. unkondensierbare Gase (CO_2, H_2S, H_2), welche die Wirtschaftlichkeit und Betriebssicherheit beeinträchtigten. Aus diesem Grunde wird der Naturdampf heute zum Heizen von Röhrenkesseln benutzt. Jeder der vorhandenen 16 Kessel liefert in der Stunde 2500 kg Dampf von 3 Atm Überdruck und gibt etwa 180 kW. Bei einer totalen Heizfläche von 100 qm verbrauchen dieselben pro Stunde 3000 kg Naturdampf von 3,5 Atm Spannung. Eine erste Versuchsanlage mit 4 solchen Kesseln kam kurz vor dem Weltkriege in Betrieb und ergab so befriedigende Erfolge, daß die Anlage vergrößert wurde. Sie besitzt heute 3 Turbogeneratoren mit einer Leistung von je 2500 kW, welche einen Drehstrom von 4000 V Spannung und 50 Perioden liefern. Die Antriebsmotoren arbeiten mit Heißdampf von 150° C Eintrittstemperatur und 0,25 Atm Betriebsspannung und machen in der Minute 3000 Touren. Der Strom wird in Öltransformatoren vor dem Verteiler auf 26 000 V gebracht und in fünf Fernleitungen nach Volterra, Siena, Cecina, Livorno und Florenz geführt, wo er unter anderem zum Tramwaybetriebe dient.

Andere, derselben Gesellschaft („Societá Boracifera di Larderello") gehörige, sehr ausgiebige Dampfquellen in Lago, die nur Spuren von nicht kondensierbaren Gasen enthalten, sollen unmittelbar zum Antrieb der Turbinen Verwendung finden.

Der Erfinder der Dampfturbine, *Sir Charles Parsons*, empfahl zwecks Ausnutzung der Erdwärme Schächte von 6 bis 8 km Teufe abzuteufen, die — unten erweitert — als Dampfkessel dienen sollen. Will man in jedem Schacht dauernd 1 000 000 PS gewinnen, so müssen stündlich 6000 cbm (das sind fast 2000 l in der Sekunde) Wasser verdampft werden. (Siehe auch Nachtrag, S. 129!)

k) Brennstoffe und andere Vorräte gebundener Energie.

Eine besonders wichtige Rolle unter allen Energiequellen, welche dem Menschen zur Verfügung stehen, spielen alle jene Stoffe, in welchen chemische Energie aufgespeichert ist, vorausgesetzt, daß sich dieselbe leicht in andere Energieformen umsetzen läßt. Hierher gehören einerseits die Nahrungsmittel, welche den Zweck haben, alle im Organismus zufolge der Lebensvorgänge verbrauchten Körperbestandteile wieder zu ersetzen, ja, bei noch in der Entwicklung befindlichen Individuen sogar in größeren Mengen zu bilden, als sie verbraucht werden, ferner die Brennstoffe sowohl als die ganz analog wirkenden Explosionsstoffe, bei welchen die bei ihrer Umsetzung freiwerdende Energie als solche verbraucht wird, aber auch alle andern Stoffe, welche in der chemischen Industrie Verwendung finden.

Brennstoffe und Explosivstoffe haben das Gemeinsame, daß sie — um ihre latente Energie freizumachen — gewisse chemiche Veränderungen erleiden müssen, wobei sie Wärme entwickeln, wie ja überhaupt alle Energieformen große Neigung besitzen, in Wärme überzugehen. Bei den Brennstoffen erfolgt dies unter der Einwirkung von Sauerstoff, mit dem sie Verbindungen geben, ein Vorgang, den man Verbrennung genannt hat, während die Explosivstoffe derartige chemische Veränderungen erleiden, ohne daß fremder Sauerstoff zutreten muß[1]).

Die technisch verwerteten Brennstoffe können wir nach dem Aggregatzustand, in welchem sie sich befinden, in feste, flüssige und gasförmige, andererseits aber auch, je nachdem, ob sie uns unmittelbar von der Natur dargeboten werden oder nicht, in natürliche und künstliche einteilen.

Hiernach haben wir:

1. Feste Brennstoffe:
   a) natürliche: Holz, Torf, Braunkohle, Steinkohle, Anthrazit usw.,
   b) künstliche: Holzkohle, Koks, Briketts.
2. Flüssige Brennstoffe:
   a) natürliche: Petroleum, Fette,
   b) künstliche: Teer, Teeröle, Benzin, Alkohol usw.
3. Gasförmige Brennstoffe:
   a) natürliche: Natur- oder Erdgas,
   b) künstliche: Leuchtgas, Koksofengas, Generatorgas, Wassergas, Misch- oder Dowsongas, Hochofengas, Acetylen usw.

Die festen Brennstoffe enthalten neben den eigentlichen brennbaren Bestandteilen (die hauptsächlich wieder aus Kohlenstoff, Wasserstoff, Sauerstoff und Stickstoff bestehen) noch Asche und Feuchtigkeit und sind natürlich um so wertvoller, je mehr sie von ersteren und je weniger sie von den beiden letzteren Bestandteilen enthalten.

Die flüssigen Brennstoffe, zu denen Petroleum, Teer von der Kohlen- und Holzdestillation, Schieferöl, aber auch vegetabilische Öle, Alkohol, Terpentin, Benzin usw. gehören, haben gegenüber den festen Brennstoffen den großen Vorteil, ohne Rückstand zu verbrennen und leicht der Feuerungsstelle zugeführt werden zu können; andererseits bedürfen sie aber gut konstruierter Verbrennungsvorrichtungen, um sie so fein zu verteilen, daß sie ohne Rußabscheidung verbrennen können, weil der Ruß die Leitungsröhren verstopfen könnte, wodurch das Nachfließen von Brennstoff unterbrochen würde.

Die gasförmigen Brennstoffe endlich bieten dieselben Vorteile wie die flüssigen, und nur bei sehr kohlenstoffreichen Gasen (wie bei Acetylen- oder Ölgas) und engen Brenneröffnungen ist die Gefahr einer Rußabscheidung in letzteren vorhanden.

---

[1]) Letzterer Satz gilt auch für Knallgas (ein Gemenge von Wasserstoff und Sauerstoff) und ähnliche Gasgemege insofern, als der Sauerstoff (sowie das Chlor bei Chlorknallgas, $H_2 + Cl_2$) als integrierender Bestandteil des Sprengstoffes anzusehen ist, da ohne diese Beimengung keine Explosion eintreten könnte.

Trenkler teilt die gasförmigen Brennstoffe in folgende Gruppen ein:

Gruppe	Art	Abart
a) Naturgas	1. Erdgas	—
	2. Grubengas	Schlagwetter, Ausbläser.
	3. Sumpfgas	—
b) Reichgase	1. Schwelgase	—
	2. Kokereigase	Koksofengas, Leuchtgas.
c) Schwachgase	1. Luftgas	Siemensgas, Hochofengas.
	2. Halbgas	Sauggas
	3. Mondgas	—
	4. Regenerationsgase	Regeneriertes Essengas, Hochofengas, regeneriertes Kalkofengas.
d) Vollgase	1. Wassergas	—
	2. Doppelgas	Doppelgas, Trigas, Leuwasgas.
e) Ölgase	1. Sattgase	Pentairgas, Benoidgas, Aerogengas, Blaugas.
	2. Carbogase	Carburiertes Wassergas, Ölteergas.
f) Edelgase	1. C-reiche Gase	Verfahren von *Elworthy*, *Sabatier-Bedford* (*Cedford*-Gasprozeß) usw.
	2. Acetylen	—

Da wir die Brennstoffe zu dem Zwecke benutzen, uns Wärme zu liefern, ist es für ihre Beurteilung wichtig, ihren Brenn- oder Heizwert zu kennen, d. i. jene Wärmemenge, welche 1 kg derselben bei ihrer vollständigen Verbrennung liefert. Dieser, auf die Gewichtseinheit des Brennstoffes bezogene Heizwert, wird auch absoluter Heizwert genannt, während der auf die Volumeinheit bezogene als spezifischer Heizwert bezeichnet wird.

Der Heizwert unserer Brennstoffe kann je nach ihrer Zusammensetzung ein recht verschiedener sein und wird bei dem gleichen Heizmaterial natürlich um so größer werden, je mehr brennbare Bestandteile derselbe enthält. Die folgende Zusammenstellung bezieht sich auf 1 kg ihres brennbaren, also wasser- und aschefreien Anteils:

Absolute Heizwerte

Holz		3 800 Cal
Fichtenrinde		4 181 „
Briketts aus Nilschlif		4 211 „
Kaffeeschalen		4 421 „
Lohe		4 485 „
Torf		5 300 „
Lignit		5 500 „
Erdige Braunkohle		6 500—6 800 „
Steinkohle, langflammig	ca.	7 900 „
„ kurzflammig	„	8 300 „
Anthrazit	„	8 300 „
Rohpetroleum		10 000—11 000 „
Raffiniertes Petroleum		10 000—11 000 „
Steinkohlenteer		8 500 „

Teeröl	8 800 Cal
Schieferöl	8 800 ,,
Benzol	10 000 ,,
Hexan	11 500 ,,
Heptan	11 375 ,,
Alkohol	7 054 ,,
Tierfett	9 500 ,,
Wasserstoff, H_2	29 050 ,,
Kohlenoxyd, CO	2 050 ,,
Ideales Generatorgas ($CO + 2\,N_2$)	1 000 ,,
,, Wassergas ($CO + H_2$)	4 207 ,,
Methan, CH_4	11 964 ,,
Naphthalin	9 600 ,,
Leuchtgas . . . ca.	9 700 ,,
Hochofengichtgas	750 ,,
Koksofengas	8 800 ,,
Acetylen	12 142 ,,

Da aber die Wärmeenergie, ebenso wie alle anderen Energieformen, außer dem in Wärmeeinheiten oder Calorien gemessenen Kapazitätsfaktor (der Wärmemenge) auch noch die Temperatur als Intensitätsfaktor besitzt, und um so besser ausgenutzt werden kann, je größer das Temperaturgefälle zwischen dem wärmeabgebenden und dem wärmeaufnehmenden Körper ist, müssen wir auch noch die mit verschiedenen Brennmaterialien erreichbaren Verbrennungstemperaturen kennen. Zur Beurteilung eines Brennstoffes in dieser Beziehung benutzt man gewöhnlich den sog. pyrometrischen Heizwert, d. i. jene Temperatur, die er liefern würde, wenn man ihn mit jener Luftmenge vollständig verbrennen könnte (man nennt sie die theoretische Luftmenge), die gerade so viel Sauerstoff enthält, um mit dem Wasserstoff und Kohlenstoff des Brennstoffes Wasser und Kohlensäure zu geben[1]). Es ist dies allerdings nur eine theoretische Größe, weil man auf diese Weise in Wirklichkeit eben keine vollständige Verbrennung erzielen kann. Zum Vergleich seien folgende Zahlen mitgeteilt:

Pyrometrischer Heizwert bei konstantem Druck[2]).

Wasserstoff H_2	1960° C
Kohlenoxyd, CO	2100° C
Ideales Wassergas, $CO + H_2$	2040° C
Methan, CH_4	1850° C
Amorpher Kohlenstoff	2026° C
Ideales Generatorgas, $CO + 2\,N_2$	1500° C

[1]) Da die meisten Brennstoffe selbst Sauerstoff enthalten, ist dieser bei der Berechnung der theoretischen Luftmenge in Abrechnung zu bringen, was man gewöhnlich in der Weise macht, daß man sich den Sauerstoff des Brennmaterials an einen Teil seines Wasserstoffs zu Wasser gebunden denkt (chemisch gebundener Wasserstoff) und nur den Wasserstoffüberschuß (disponibler Wasserstoff) zur Berechnung der Luftmenge in Anschlag bringt.

[2]) Erfolgt die Verbrennung bei konstantem Volum, so erhält man etwas andere Werte, weil jene Arbeit, welche bei konstantem Druck zur Volumänderung aufgebraucht (oder gewonnen) wird, hier wegfällt.

Wie schon erwähnt, sind diese Temperaturen nicht zu erreichen, weil zur Erzielung einer vollständigen Verbrennung ein Luftüberschuß erforderlich ist, welcher von der bei der Verbrennung entwickelten Wärme mit erhitzt werden muß, wodurch die Verbrennungstemperatur eine Erniedrigung erfährt, während andererseits bei unseren Feuerungen nicht selten keine vollständige Verbrennung erreicht wird.

Eine Verbrennung mit reinem Sauerstoff würde eine weit höhere Verbrennungstemperatur liefern, als eine solche mit Luft, weil im zweiten Falle der Stickstoff der Luft mit erhitzt werden muß, wodurch die Verbrennungstemperatur erniedrigt wird, was bei reinem Sauerstoff wegfällt, wozu noch weiter kommt, daß mit reinem Sauerstoff leichter vollständige Verbrennung erreicht wird. Aus diesem Grunde hat man heute schon mehrfach erfolgreich versucht, die Verbrennung mit an Sauerstoff angereicherter Luft durchzuführen. Für die praktische Verwendung solcher an Sauerstoff angereicherter Luft kommt nur der Kostenpunkt in Frage[1]).

So würde die vollständige Verbrennung von Wasserstoff mit der theoretischen Sauerstoffmenge eine Temperatur von 2889° C ergeben, also um 929° mehr als mit der theoretischen Luftmenge.

Aber auch durch Vorwärmen der Verbrennungsluft und der gasförmigen Brennmaterialien läßt sich die Verbrennungstemperatur erhöhen. So gäbe die vollständige Verbrennung von idealem Generatorgas ($CO + 2\,N_2$) mit der theoretischen Luftmenge, wenn Gas und Luft

kalt verbrannt werden . . . . $t = 1500°$ C,
auf 500° vorgewärmt werden . . . . $t = 1860°$ C,
„ 1000° „ „ . . . . $t = 2220°$ C,

wobei allerdings zu bedenken ist, daß bei sehr hohen Temperaturen schon die Dissociation (der Zerfall) von Kohlensäure in Kohlenoxyd und Sauerstoff ($2\,CO_2 = 2\,CO + O_2$) merkbar wird, was eine unvollständige Verbrennung und damit eine Temperaturerniedrigung bedingt.

Nach dem eben Gesagten wird man daher trachten müssen, mit einem möglichst geringen Luftüberschuß eine vollständige Verbrennung zu erzielen, also möglichst zweckmäßige Verbrennungseinrichtungen zu wählen. Gasförmige, flüssige und staubförmige feste Brennstoffe gestatten eine innigere Mischung mit der Verbrennungsluft, als stückige feste, so daß sie mit einem kleineren Luftüberschuß verbrannt werden können als letztere. Erstere sind daher in wärmewirtschaftlicher Beziehung den letzteren überlegen. Auch das Vorwärmen der Verbrennungsluft sowohl, als — wo man solche benutzt — der Heizgase, wird vorteilhaft sein, und zwar um so mehr, als es Gelegenheit gibt, den Wärmeinhalt der abziehenden Feuergase (also die Abhitze der Feuerungen) wieder nutzbar zu machen.

Immerhin muß aber erwähnt werden, daß es unter Umständen vorteilhafter sein kann, mit einem kleineren Luftüberschuß eine nicht ganz vollständige

[1]) Die Verwendung von reinem Sauerstoff wird, außer durch den Kostenpunkt, auch noch dadurch beschränkt, daß die so erzielten hohen Verbrennungstemperaturen das Ofenmauerwerk stark angreifen und vorzeitig zerstören würden.

Verbrennung zu erzielen, statt durch einen großen Luftüberschuß eine vollständige Verbrennung zu erzwingen. So hat der Verfasser seinerzeit bei einer — allerdings recht schlecht konstruierten — Kesselfeuerung die günstigsten Erfolge bei 2 Volumprozent Kohlenoxyd in den Rauchgasen und einer Essengastemperatur von 500° C erzielt. Als Beispiel hierfür mögen die Verbrennungstemperaturen von amorphem Kohlenstoff unter verschiedenen Bedingungen angeführt werden.

Zusammensetzung der Rauchgase		I	II	III	IV
		Theoretische Luftmenge bei vollständiger Verbrennung	1½ fache Luftmenge bei vollständiger Verbrennung	Theoretische Luftmenge bei unvollständiger Verbrennung	
CO	Vol.-Proz.	—	—	0,02	0,05
CO_2	„	0,20	0,147	0,19	0,13
O_2	„	—	0,056	—	—
N_2	„	0,80	0,800	0,78	0,78
Verbrennungstemperatur	° C	2026°	1529°	1988°	1930°

Die unvollständige Verbrennung kann sich aber auch noch in der Weise äußern, daß ein Teil des festen Brennstoffs, in der Asche eingeschlossen, nicht verbrennt und so in den Aschenfall gerät, während andererseits in den Rauchgasen außer brennbaren Gasbestandteilen auch Flugruß und teerartige Bestandteile auftreten können. In ersterem Falle wird man durch passende Rostkonstruktion und ähnliches Abhilfe zu schaffen trachten, oder man wird — wie dies beispielsweise bei Lokomotivlösche schon mit Vorteil durchgeführt wurde — den Rostdurchfall nach mechanischer Aufbereitung neuerdings für Heizzwecke verwenden; in letzterem Falle wird man entweder für eine bessere Verbrennung dieser Produkte Sorge tragen, oder aber sie in geeigneter Weise aus dem Gase abzuscheiden trachten.

Mit den Rauchgasen strömen oft recht bedeutende Wärmemengen aus der Feuerung, die man gleichfalls, so gut es geht, nutzbar zu machen trachten wird, wie z. B. zum Vorwärmen der Verbrennungsluft, wie schon oben angedeutet.

Schließlich treten auch noch Wärmeverluste durch Leitung und Ausstrahlung der Feuerungen auf, die man meist durch gute Wärme-Isolation zu verringern strebt, obwohl man wieder in anderen Fällen diese Verluste sogar absichtlich durch künstliche Kühlung der Ofenwände vergrößert, um die Haltbarkeit derselben zu erhöhen und Reparaturen im Ofeninnern leichter ausführen zu können.

Um die in einer Feuerung entwickelte Wärme nutzbar zu machen, muß sie möglichst vollständig auf die zu erhitzenden Körper übertragen werden. Diese Wärmeübertragung erfolgt teils durch Leitung, d. i. durch den Übergang der Wärme von dem heißen auf einen unmittelbar mit ihm in Berührung stehenden kalten Körper[1]), teils aber durch Strahlung, indem die Wärme

[1]) Handelt es sich um die Wärmeübertragung innerhalb eines und desselben Körpers, so spricht man von innerer, andernfalls aber von äußerer Wärmeleitung.

vom heißen Körper durch einen dazwischenliegenden, meist gasförmigen Körper, der hierbei selbst nur sehr wenig Wärme aufnimmt, auf den zu erhitzenden kälteren Körper übertragen wird. Die Wärmeübertragung durch Leitung erfolgt unmittelbar durch Übertragung der kinetischen Energie der aneinanderstoßenden Moleküle, jene durch Strahlung hingegen durch die Energieübertragung mittels Ätherwellen (Wärmewellen).

Beide hängen von der Natur der betreffenden Körper, von der Zeit, während welcher die Wärmeübertragung erfolgt, von der Größe der Übergangsfläche (die man als Heiz- bzw. Strahlungsfläche bezeichnet) und von dem Temperaturunterschiede zwischen dem wärmeabgebenden und -aufnehmenden Körper, also vom Temperaturgefälle ab. Während aber der Wärmeübergang in allen Fällen stets der Zeit und Größe der Übergangsfläche proportional ist, gilt dies bezüglich des Temperaturgefälles nur für die Wärmeleitung, während die Wärmestrahlung dem Unterschied der vierten (bei absolut schwarzen Körpern) bis fünften Potenz (bei blankem Platin) der absoluten Temperaturen beider Körper proportional ist. Der durch Strahlung übergehende Teil der Wärme wird daher unter sonst gleichen Umständen gegen den durch Leitung übertragenen Teil um so mehr in den Vordergrund treten, je höher die Temperatur der heißen gegenüber jener der kälteren Körper ist. So beträgt die in einer Stunde von 1 qm Mauerwerk auf einen 15° C warmen Körper übertragene Wärmemenge:

Temperaturgefälle	Leitung	Strahlung	$\frac{\text{Strahlung}}{\text{Leitung}}$
10° C	20,0 Cal	44,8 Cal	2,24
50° C	100,0 ,,	261,2 ,,	2,61
100° C	200,0 ,,	645,2 ,,	3,23
150° C	300,0 ,,	1208,8 ,,	4,03
200° C	400,0 ,,	2044,8 ,,	5,11
250° C	500,0 ,,	3394,8 ,,	6,75

Für brennende Gase, also für Flammen, die kein kontinuierliches Spektrum, sondern Strahlen bestimmter Wellenlängen ausstrahlen, gelten andere Gesetze, von denen hier nur jenes von *Helmholtz* erwähnt werden möge. Nach demselben ist das Strahlungsvermögen leuchtender Flammen (d. h. solcher, in welchen Kohlenstoff abgeschieden ist, der, wie alle festen glühenden Körper, ein kontinuierliches Spektrum gibt) größer, als jenes von entleuchteten Flammen. Weiter besitzen gleiche molekulare Mengen aller verbrannten Gase das gleiche Strahlungsvermögen, während das Verhältnis der absoluten Strahlung zur Verbrennungswärme (das *Helmholtz* relatives Strahlungsvermögen nennt) bei Kohlenoxyd mit 8,7 Proz. am größten, bei Wasserstoff mit 3,6 Proz. am kleinsten, bei den entleuchteten Flammen von Leuchtgas, Methan und Äthylen aber gleich groß, und zwar 5,1 Proz. ist.

Bei der Ausstrahlung von Flammen ist zu bedenken, daß die von einem bestimmten Punkte im Innern derselben ausgesendeten Strahlen beim Durchgang durch die Flammengase teilweise absorbiert werden, so daß nach *Rosetti* die Strahlung einer Flamme mit wachsender Dicke bei etwa 1 m Flammendicke

ein Maximum erreicht. Von diesem Satze macht man bei Gasfeuerungen und Flammöfen Gebrauch (*Siemens* Prinzip der freien Flammenentfaltung).

Bei der sog. äußeren Wärmeleitung, d. i. beim Wärmeübergang von einem heißen Körper auf einen anderen daranstoßenden kälteren, verwickeln sich die Verhältnisse dort, wo der zu erhitzende Körper flüssig oder gasförmig ist, weil dann, zufolge seiner Erwärmung und den dadurch hervorgerufenen Dichtenänderungen in demselben Bewegungserscheinungen auftreten (die wärmeren Teilchen steigen in die Höhe), so daß die Größe der Wärmeübertragung auch durch die Gestalt der Übertragungsfläche beeinflußt wird.

Von dem früher besprochenen Wärmeleitungsvermögen muß das Temperaturleitungsvermögen, auch thermometrisches Leitungs-

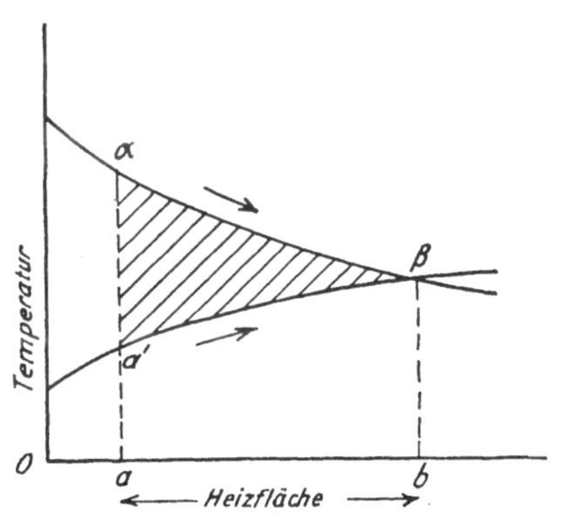

$\alpha\,\beta$ = Temperaturkurve der Heizgase
$\alpha'\,\beta$ = Temperaturkurve des erhitzten Körpers
$\alpha\,\alpha'\,\beta$ = ausgenutztes Temperaturgefälle
$a\,b$ = Heizfläche

Fig. 19. Parallelstromapparat.

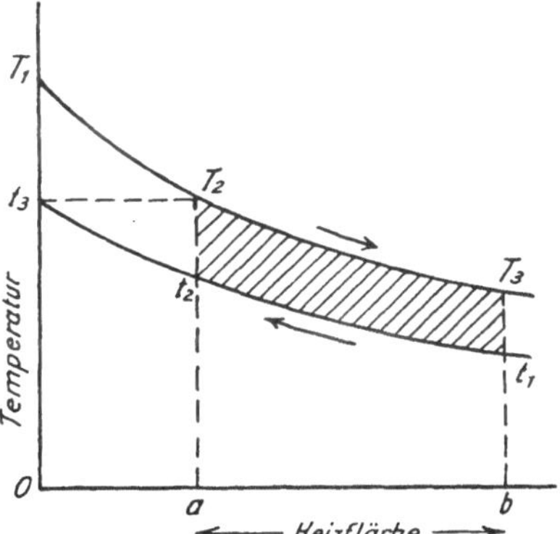

$T_1\,T_2\,T_3$ = Temperaturkurve der Heizgase
$t_1\,t_2\,t_3$ = Temperaturkurve des erhitzten Körpers
$T_2\,T_3\,t_1\,t_2$ = ausgenutztes Temperaturgefälle
$a\,b$ = Heizfläche

Fig. 20. Gegenstromapparat.

vermögen genannt, unterschieden werden. Bezeichnet man die in Grammcalorien ausgedrückte Wärmemenge, welche durch einen Würfel des betreffenden Körpers von 1 cm Seitenlänge in einer Sekunde hindurchgeht, mit k (innerer Wärmeleitungskoeffizient), mit l aber den Temperaturleitungskoeffizienten [der ja von der spezifischen Masse[1]) s des Körpers und von der spezifischen Wärme c desselben abhängig sein muß], so ist

$$l = \frac{k}{s \cdot c}.$$

Dieses Temperaturleitungsvermögen ist bei Gasen sehr groß, weshalb diese ihre Temperatur sehr rasch mit der Umgebung austauschen. Welcher Unter-

[1]) D. i. die Masse der Volumeinheit.

schied zwischen diesen beiden Leitungsfähigkeiten besteht, zeigen folgende Zahlen:

	k	l	$\frac{l}{k}$
Kupfer	0,7	0,77	1,1
Eisen	0,16	0,18	1,11
Luft	0,000 056	0,26	4643
Wasserstoff	0,000 4	1,8	4500

Möge nun die Wärmeübertragung durch Leitung oder durch Strahlung erfolgen, so wird sie um so günstiger verlaufen, je größer das Temperaturgefälle ist. Um nun ein möglichst großes Temperaturgefälle zu erreichen, bedient man sich des Gegenstromprinzips, bei welchem sich die wärmeabgebenden Heizgase nach einer, die zu erwärmenden Stoffe aber in entgegengesetzter Richtung aneinander vorbeibewegen, während beim sog. Parallelstrom beide Bewegungen in der gleichen Richtung stattfinden. Beistehende Diagramme (Fig. 19 und 20) stellen diese Verhältnisse dar. In denselben geben die Abszissen die Temperaturen von Heizgasen und zu erwärmenden Körpern, $a\,b$ den Weg, welchen beide zurücklegen bzw. die Heizfläche, und die Pfeile die Bewegungsrichtungen an. Beim Parallelstrom (Fig. 19) wird das Temperaturgefälle vom Eintritt in bis zum Austritt aus den Heizapparaten immer kleiner, und wenn sich beide Temperaturkurven schneiden (in c), tritt Temperaturgleichgewicht ein, d. h. das Maximum der Wärmeübertragung ist erreicht. Beim Gegenstromapparat (Fig. 20) hingegen bleibt das Temperaturgefälle nahezu konstant, und man ist — wenigstens theoretisch — imstande, den zu erhitzenden Körper auf die gleiche Temperatur zu bringen, mit welcher die Heizgase in den Heizapparat eintreten. —

l) Brennstoffveredlung.

Wie wir früher gesehen haben, ist die Verbrennungswärme verschiedener Brennmaterialien, ebenso wie die mit denselben erzielbare Verbrennungstemperatur, eine verschiedene, so daß der Versuch naheliegt, die vorhandenen natürlichen Brennstoffe in solche umzuwandeln, die sich besser ausnutzen lassen, oder — wie man auch sagen kann — sie zu veredeln. Diese Veredlungsvorgänge können aber auch andere Zwecke verfolgen, als jenen, aus den rohen Brennstoffen einen anderen Brennstoff zu gewinnen, der gegenüber dem zu veredelnden rohen Brennstoff einen kleineren Luftüberschuß benötigt, oder am Roste weder zusammenbackt noch zerfällt, oder keine rußende Flamme gibt, oder endlich einen größeren absoluten oder pyrometrischen Heizwert besitzt.

Zu diesen Veredlungsverfahren gehören außer der Aufbereitung und Trocknung, welche ein asche- und wasserarmes, also ein heizkräftigeres Brennmaterial liefern, die Herstellung von Holzkohle und Koks, die Gewinnung von Heizgasen durch trockene Destillation oder durch Vergasung (welch letztere entweder mit Luft oder mit Wasserdampf bzw. mit anderen Oxyden allein, oder mit beiden gleichzeitig erfolgen kann), sowie verschiedene in den letzten Jahren aufgetauchte Verflüssigungsverfahren, die Herstellung von Briketts, Naßpreßsteinen usw. Manche dieser Verfahren bieten überdies noch den Vorteil, sehr wertvolle Nebenprodukte zu liefern, wie das Leucht- und Kokereigas, den Kokereiteer, den Urteer usw., die dann gewöhnlich noch weiter auf flüssige Brennstoffe verschiedenen Verflüchtigungsgrades (Benzin, Benzol, Teeröle usw.) verarbeitet werden, die heute besonders für den Motorenbetrieb starken Absatz finden.

Alle diese Veredlungsverfahren bedürfen zu ihrer Durchführung eines gewissen Energieaufwandes, stellen also gegenüber der unmittelbaren, vollständigen Verbrennung einen Energieverlust dar und verursachen auch Kosten, so daß es immer einer ernsten Überlegung bedarf, um zu entscheiden, ob sie wirtschaftlich sind oder nicht, und gerade hier zeigt sich wieder, daß es sich im praktischen Leben nicht allein um die Energie-, sondern auch um die Geldwirtschaft handelt.

Die wichtigsten Veredlungsverfahren der Brennstoffe sind folgende:

I. Die trockene Destillation gibt neben einem kohligen Rückstande brennbare Gase, Teer und Teerwasser. Man unterscheidet hierbei
   a) Destillation unter 500° C (Schwelerei); sie liefert neben Schwelgasen und wertvollem Teer usw. noch den sog. Halbkoks, und
   b) Destillation über 500° C (Kokerei und Leuchtgasfabrikation), welche neben Koks noch Teer und Leuchtgas oder Kokereigas liefert; sie wird heute hauptsächlich in Kammeröfen durchgeführt.

II. Unvollständige Verbrennung, und zwar:
   a) mit Luft (Luft- oder Generatorgas), gibt Gas, Teer und Teerwasser,
   b) mit Luft und Wasserdampf (Halbgas, Mondgas), gibt neben Gas und Teer noch eine hohe Ammoniakausbeute im Teerwasser,
   c) mit Wasserdampf allein, gibt Wassergas,
   d) Vergasung durch unvollständige Verbrennung und gleichzeitige trockene Destillation, gibt Doppelgas, Trigas usw.,
   e) unvollständige Verbrennung mit dem Sauerstoff von Metalloxyden gibt Gichtgas neben reduziertem Metall und Schlacke (Hochofengichtgase, namentlich aber die Gichtgase der elektrischen Hochöfen, die — weil praktisch stickstoffrei — einen sehr hohen Heizwert besitzen).

III. Heizgase, die durch Sättigung mit den Dämpfen flüssiger Kohlenwasserstoffe gewonnen werden, und zwar:
   a) Luft, mit Kohlenwasserstoffdämpfen gesättigt (Sattgase),
   b) Wassergas, mit Kohlenwasserstoffdämpfen gesättigt (carburiertes Wassergas),
   c) Ölgas, durch Destillation von Teerprodukten usw. gewonnen.

IV. Edelgase werden durch besondere Prozesse aus anderen technischen Gasarten oder überhaupt durch spezielle Verfahren aus geeigneten Materialien gewonnen. Hierher gehören:

a) das Methangas (Verfahren von *Elworthy*, *Sabatier-Bedford*, *Credford* usw.),

b) Kohlenoxyd und wasserstoffreiche Gase; durch Entfernung von Kohlensäure aus anderen technischen Gasarten gewonnen,

c) Acetylen, aus Kohle auf dem Umwege über Calciumcarbid gewonnen.

V. Die Aufbereitung ist ein mechanisches Veredlungsverfahren und bezweckt:

a) eine Sortierung nach der Korngröße und

b) eine Trennung der aschenreicheren, minderwertigen Teile von den aschenärmeren, hochwertigen Bestandteilen.

Eine eigene Art von Aufbereitung findet bei Gasen statt und bezweckt, den mitgeführten Staub bzw. den Wassergehalt derselben zu entfernen. Sie wird als Gasreinigung bezeichnet und erfolgt

a) auf statischem Wege, durch große Staubsäcke und Kühlung in Hordenkühlern,

b) auf dynamischem Wege, und zwar

α) durch Zentrifugen und Ventilatoren mit nachträglicher Trocknung und Wasserabscheidung,

β) durch Desintegratoren, bei welchen Kühlen und Zentrifugieren in ein und demselben Apparat durchgeführt wird,

c) Reinigen und Filtrieren der Gase auf trockenem Wege und

d) durch die sog. elektrische Gasreinigung.

VI. Trocknen der festen Brennstoffe. Der Wassergehalt der rohen Brennstoffe ist sehr verschieden; 2 Proz. bei guten Steinkohlen, 40 bis 60 Proz. bei pflanzlichen Abfällen und Holz, etwa 85 Proz. bei rohem Torf, 40 bis 55 Proz. bei mulmiger, erdiger Braunkohle. Ein Wassergehalt von 10 bis 15 Proz. ist nicht störend; bei mehr als 90 Proz. Wassergehalt hat aber ein Brennstoff keine praktische Bedeutung mehr.

Das Trocknen erfolgt an der Luft durch Ablagern (nach 2 bis 3 Monaten enthält das Holz noch immer 20 bis 25 Proz. Wasser; Braunkohlennaßpreßsteine mit 65 Proz. trocknen nach 2 bis 3 Monaten auf 25 Proz. Wasser; Handstich- oder Maschinentorf, aus rohem Torf mit 85 Proz. Wasser gewonnen, enthält bei gutem Wetter nach 2 Wochen noch etwa 50 Proz. und nach 100 Tagen sogar nur mehr 25 bis 30 Proz. Wasser.

Künstliche Trocknung erfolgt mit der Abhitze von Kesseln oder mit vorgewärmter Luft bzw. mit Abgasen. Der Brennstoffverbrauch beträgt etwa 45 Proz. der getrockneten Kohle für Naßpreßsteine und 80 bis 120 Proz. an Rohkohle vom Brikettgewichte.

Trocknen des rohen Torfes durch Pressen oder Ausschleudern bringt selbst bei einem Drucke von 2000 Atm den Wassergehalt kaum unter 70 Proz. herab, weil der Torf etwa 0,2 bis 2,0 Proz. kolloidale Hydrocellulose enthält, die das Wasser zurückhält. Sie wird aber durch Erhitzen über 150° bei Gegenwart von Wasser zerstört (*Ekenberg*). Hingegen läßt sich nach dem Verfahren von *ten Bosch* mit einem Selbstverbrauch von nur 26 Proz. des erzeugten

Trockentorfes eine Entwässerung auf 35 bis 40 Proz. Nässegehalt erreichen, und man kann dann mit geringem Kraftbedarf (50 Atm) brikettieren. Das *Graf Schwerin*sche Elektro-Osmoseverfahren hingegen gestattet nur eine Trocknung auf etwa 60 Proz.; ist aber doch in besonderen Fällen empfehlenswert.

VII. Formgebung, Brikettierung. Man erzeugt:

a) Formsteine aus nassen, plastischen Brennstoffen (Naßpreßsteine und Soden) und

b) solche aus trockenen Brennstoffen, und zwar:

α) ohne Bindemittel und

β) mit Bindemitteln (letzteres Verfahren ähnelt im Prinzip dem während des Krieges aufgekommenen Bertzitierungsververfahren für nicht geformte rohe Brennstoffe).

An weiteren Veredelungsverfahren, die in den letzten Jahren in Vorschlag kamen, sind zu erwähnen:

VIII. Extraktion: *Pictet* in Genf extrahierte mit Benzol, erhielt aber nur geringe Ausbeute (0,1 Proz.); extrahiert man jedoch bei der kritischen Temperatur (270° C), so steigt die Ausbeute auf etwa 6,5 Proz. Man erhält so ein dickflüssiges, goldrotes Öl und einen festen, kakaobraunen Rückstand, der bei 100° C schmilzt. Bessere Extraktionsmittel sind organische Basen (Pyridin) oder sauere Stoffe (Phenol). Aus Braunkohle wird das Montanwachs schon seit langem im großen durch Extraktion gewonnen. Nach *Fischer* und *Schneider* läßt sich aber die Ausbeute noch ganz wesentlich steigern, wenn man die Extraktion in geschlossenen Gefäßen bei höherer Temperatur und Druck vornimmt.

IX. Verflüssigung der Kohlen. Sie bezweckt die Gewinnung von Ölen für Heizzwecke sowie für Trieb- und Schmiermittel. Heute wird der Verflüssigungsprozeß in zwei verschiedenen Arten durchgeführt:

a) man scheidet den in der Kohle gegenüber der Zusammensetzung der zu gewinnenden Produkte vorhandenen Kohlenstoffüberschuß durch langsame Destillation bei niederer Temperatur oder durch Überhitzung ab (*Walter Gräf*sches Verfahren der Benzingewinnung aus Teer), oder

b) man gliedert den auf die Zusammensetzung der gewünschten Erzeugnisse noch fehlenden Wasserstoff nach dem Hydrierungsverfahren an. Nach langjährigen Versuchen ist es Dr. *Bergius*[1]) gelungen, dieses Verfahren im Großbetrieb brauchbar zu machen, wobei noch der ganze Stickstoffgehalt der Kohle als Ammoniak gewonnen wird. Er erhält so aus 1 t trockener Rohkohle mit 6 Proz. Asche und dem zugeführten Wasserstoff:

445	kg	Öl	zusammen 1100 kg.
210	,,	Gas	
75	,,	Wasser	
5	,,	Amoniak	
350	,,	Rückstände	
15	,,	Verlust	

[1]) Z. V. d. I. 1925, Nr. 42, 43.

Aus dem Rückstande wurden gewonnen:

80 kg	Öl	zusammen 350 kg.
240 ,,	Koks	
25 ,,	Gas bei	
5 ,,	Verlust	

Von den Ölen wird allerdings noch ein Teil zur Herstellung einer Kohlenpaste verbraucht, so daß an verkäuflichen Produkten gewonnen werden:

150 kg	neutraler, raffinierter Motortreibstoff (Siedegrenze 30 bis 230° C),
200 ,,	Diesel- und Tränköl,
60 ,,	Schmieröl,
80 ,,	Heizöl, also zusammen
490 kg	bei
35 ,,	Destillations- und Raffinationsverlusten.

Die Bergiuswerke in Mannheim-Rheinau, deren Errichtung im Jahre 1916 begann, sind seit dem Frühjahr 1925 für den Großbetrieb eingerichtet. Eine große Fabriksanlage in Schlesien kam allerdings wegen Geldmangel nicht zustande, doch geht man gegenwärtig mit dem Gedanken um, eine solche anderwärts zu errichten.

Die Löslichmachung der Kohle durch Ozon gibt nach *Fischer* einen karamelähnlichen Stoff, und *Harries* glaubt an die Möglichkeit, auf solche Weise aus Teer technische Fette für die Seifenfabrikation, ja vielleicht auch Speisefett gewinnen zu können.

---

m. Von weiteren Versuchen, den Energieinhalt der Brennstoffe nutzbar zu machen, sind noch folgende zu erwähnen:

a) Im Frühjahr 1914 empfahl der bekannte englische Chemiker *Ramsay*, Kohlenflöze von geringerer Mächtigkeit durch Anbohren nutzbar zu machen. Durch das Bohrloch sollte Luft und Wasserdampf eingeblasen werden, um so die Kohle nach Art des Mischgasprozesses unter Tag zu vergasen. Die so erhaltenen und vorher gereinigten Gase sollten schließlich in Gasometern gesammelt werden.

b) Versuche, Thermosäulen mit Gasheizung zu betreiben, ergaben nur einen sehr geringen Wirkungsgrad (1 Proz.).

c) Die Brennstoffelemente von *Becquerel* und *Jacque* gaben nur bescheidene Leistungen, während die mit Wasserstoff betriebenen Gaselemente von *Mond* und *Langer* zwar keine schlechten Ergebnisse lieferten, aber zu kostspielig waren. Aussichtsreicher dürften die Brennstoffelemente von *Bauer* in Zürich bzw. von *Bauer* und *Treadwell* sein. Sie bestehen aus Kohle in einem bei 900° C schmelzenden Sauerstoffsalze und einem — aus Silber oder Eisenoxyd bestehenden — Sauerstoffüberträger und werden von Luft und Kohlenoxyd (letzteres als „Brenngas") durchströmt. *Bauer* hat darüber folgende Betrachtungen angestellt. Während man im Hochofen für 1 t erzeugtes Roheisen auch 1 t Koks benötigt, braucht man in Elektrohochöfen nur etwa

$^1/_3$ t für die Reduktion des Eisenoxydes und etwa 3000 kW-St für die erforderliche Heizung. Würde man nun die Gichtgase des elektrischen Hochofens, die praktisch stickstofffrei sind und nur Kohlenoxyd und etwas Kohlensäure enthalten, zur Beheizung solcher Brennstoffelemente benützen, so würde sich der Gesamtkoksbedarf auf $^1/_2$ t stellen; man würde also gegenüber dem gewöhnlichen Hochofen 50 Proz. Koks ersparen. Leider sind keine Versuche im großen Maßstabe veröffentlicht worden.

VII. Belebte Energieträger.

Gärungspilze, Tiere, Menschen; Sparsamkeit mit letzteren, Schutz, Pflege und Schulung, geistige Leistungen, Henry Ford.

Als letzte der uns zur Verfügung stehenden Energiequellen haben wir noch die belebten Energieträger zu besprechen, welche — neben den Brennstoffen und den Wasserkräften — für unser ganzes Wirtschaftsleben von besonderer Bedeutung sind.

Eine besondere Stellung nehmen unter denselben die Gärungspilze und ähnliche Organismen ein, die wir zur Durchführung gewisser chemischer Prozesse benützen. Sie sind daher als Arbeiter in einer chemischen Fabrik anzusehen, die weder einen Lohn verlangen noch eine bestimmte Arbeitszeit einhalten. Das einzige, was sie beanspruchen, ist eine entsprechende Nahrung (nämlich das von ihnen in Gärung zu versetzende oder sonst zu verändernde Material) und die ihrer Entwicklung angemessenen Temperatur-, Licht- und Luftverhältnisse. Da bei ihnen die Arbeitsleistung mit ihrem Lebenszweck vollkommen identisch ist, stellen sie eine ganz ideale Arbeiterschaft dar!

Von den tierischen Motoren kommen hauptsächlich Zug- und Tragtiere in Betracht, die aber von Tag zu Tag mehr durch unbelebte Motoren verdrängt werden. Gegen diese Verdrängung derselben sind schon von mancher Seite Bedenken erhoben worden, da hierdurch der Mist — der nicht nur als Dünger verwendet wird, sondern auch Spatzen und anderen Vögeln Nahrung liefert — sich verringert. Damit wird sich aber auch die Zahl dieser Vögel verringern und — wie man sagt — die Zahl der schädlichen Insekten zunehmen. Vom wirtschaftlichen Standpunkte aus betrachtet wäre auch das Bedenken nicht ungerechtfertigt, daß die unbelebten Motoren auf unsere Brennstoffvorräte angewiesen sind, also zu deren frühzeitiger Erschöpfung beitragen; aber auch das Anwachsen der Unglücksfälle seit der steigernden Verwendung von Automobilen und Motorrädern könnte hier als Argument angeführt werden.

Die wichtigsten aller belebten Energieträger sind aber für uns die Menschen — also wir selbst —, die wir in zwei, allerdings ineinander übergehende, also nicht scharf zu trennende Hauptgruppen teilen können: in solche, bei denen hauptsächlich die Kraftleistung in Frage kommt, und in solche, bei denen sich die verbrauchte Körperenergie in Gedanken umsetzt. Letztere können dem ganzen Wirtschaftsleben, also auch der gesamten Menschheit, ganz ungleich mehr nützen — aber auch schaden — als erstere!

Wie schon erwähnt, lassen sich diese beiden Gruppen nicht scharf voneinander trennen, weil bei der menschlichen Arbeit stets ein Zusammenwirken beider Richtungen in einem dem beabsichtigten Zwecke entsprechenden Verhältnisse gefordert wird. So muß ein Lastträger nicht nur seine Last tragen und von einem Orte zu einem anderen bringen, sondern er muß auch auf den Weg achten, daß er nirgends anstößt oder von einem Automobil oder anderem Fuhrwerk selbst niedergestoßen werde; aber auch der Künstler, Dichter oder Gelehrte darf nicht allein denken, sondern muß auch mechanische Arbeit verrichten, gleichgültig, ob er seine Gedanken selbst niederschreibt oder jemand anderem in die Maschine diktiert, oder ob er als Bildhauer, Maler oder Musiker tätig ist.

Auch bei den belebten Motoren ist weise Sparsamkeit am Platze, die sich hauptsächlich in zwei verschiedenen Richtungen äußern kann:

1. Vermeidung eines Überschusses von belebten Energieträgern, weil dadurch die Kosten des Unternehmens — und ein solches ist ja auch ein Staat — so groß werden können, daß die Rentabilität und selbst die Existenzmöglichkeit desselben bedroht werden kann; aber auch deshalb, weil ein solcher Überschuß — statt die Leistungsfähigkeit des Unternehmens zu erhöhen — dieselbe sogar hemmen und verringern kann. So wurde vor Jahren erzählt, daß eine Firma, die sich mit irgendwelchen Wünschen an den betreffenden Ressortminister wendete, von diesem die Antwort erhielt: „Sie kommen gerade recht; jetzt ist die Hälfte der Beamten auf Urlaub, da wird es schneller gehen!“ — Mag diese Anekdote auch ziemlich scharf klingen, etwas Richtiges hat sie auf jeden Fall.

Zahl und Art der beschäftigten Menschen müssen den Bedürfnissen des betreffenden Unternehmens angepaßt sein. Ein Unternehmen — und das gilt, wie gesagt, auch für Staaten und Völker — kann nur dann bestehen und gedeihen, wenn die Zahl und Art der Angestellten, aber auch die Auslagen für Gehälter, Löhne, Wohlfahrtseinrichtungen usw. ein gewisses Maß nicht übersteigen, das wieder von der Absatzmöglichkeit der von diesen geleisteten Arbeit, also vom Bedarf nach dieser, abhängt. Werden die Ausgaben zu hoch, so bleibt nichts andres übrig, als die Zahl der Angestellten zu verringern und — soweit als möglich — durch Maschinenarbeit zu ersetzen. Das ist in Amerika zufolge der hohen Arbeitslöhne schon längst der Fall, wird aber auch in Europa (namentlich seit dem Weltkriege) immer häufiger und zeigt, daß zu hohe Betriebskosten entweder zur gänzlichen Einstellung des Betriebes oder — um das zu vermeiden — zu einem Personalabbau und zum Ersatz der Menschenarbeit durch Maschinenarbeit führen müssen[1]). Das hat allerdings

[1]) Was sich hierdurch an Arbeitskräften ersparen läßt, kann folgendes Beispiel (Ing. *Borlich*: Panamakanalbau, Scientific American, 23. Nov. 1907) zeigen. Bei diesem Kanalbau schachtete eine Dampfschaufel in 5monatiger Arbeitsdauer pro Monat 14 200 cbm, bei einer Leistung von 70 bis 90 t. An Personal waren (einschließlich Ingenieuren, Maschinisten, Zugspersonal und Streckenarbeitern) 298 Mann beschäftigt.

vom volkswirtschaftlichen Standpunkte aus seine Bedenken, denn die Maschinen brauchen einen Antrieb, und wenn dieser — wie heute noch in den meisten Fällen — von dem Energieinhalte unserer Brennstoffe geleistet werden muß, so verringert sich hierdurch unser ohnedem nicht allzu reicher Brennstoffvorrat und damit auch unsere Energiereserve, die ja einen Teil unseres Volksvermögens darstellt, immer mehr. Man muß daher bestrebt sein, möglichst solche Energiequellen heranzuziehen, welche durch Energiezufuhr von außen gespeist werden, wie die Wasserkräfte. Da nun die lebenden Energieträger ihre Energie aus der Nahrung beziehen, die schließlich wieder von der Energiestrahlung der Sonne stammt, liegt der Gedanke nahe, dort, wo inländische Arbeitskräfte zu teuer werden, billige ausländische heranzuziehen, wie dies in Amerika mit chinesischen und japanischen der Fall war, wodurch aber wieder die Existenz der inländischen Arbeitskräfte bedroht und manche andere Unannehmlichkeiten hervorgerufen wurden. Jedenfalls ist es ratsam, die Heranziehung fremder Arbeiter im Interesse der einheimischen, bodenständigen Bevölkerung tunlichst zu vermeiden.

Immerhin hat man es in Amerika, wo jeder bald wieder einen anderen Verdienst findet, sei es als Tagelöhner, als Arbeiter einer anderen Kategorie, als Trapper, Holzfäller, Schauspieler oder sogar als Prediger, in solchen Fällen viel leichter als in Europa. Es kommt vor, daß irgendeine Fabrik mit Anspannung aller Kräfte jahrelang — schließlich auf Vorrat — arbeitet. Nun wird der Betrieb eingestellt, die Arbeiter und ein großer Teil der Beamten werden entlassen, ein Stab der letzteren aber auf Studienreisen geschickt. Sind die Vorräte nahezu verkauft und die Chancen günstig, so wird der Beamtenstab wieder einberufen, die Fabrik mit Benutzung der bei diesen Studienreisen gesammelten Erfahrungen neu und ganz modern eingerichtet, und die rastlose Arbeit beginnt aufs neue. — Das ist allerdings für den Fabrikanten recht bequem, aber selbst in Amerika nicht ganz zweckmäßig, weil es ja auch im eigenen Interesse der Unternehmung liegt, sich einen Stab geschulter Arbeiter zu erhalten.

2. Jede unnötige Zeit- und Arbeitsverschwendung muß vermieden werden, und da haben wir gerade in Amerika ein schönes Beispiel dafür, was sich durch gute Arbeitsverteilung und gesunden Idealismus erreichen läßt, ja, daß ein richtiger Idealist auch ein sehr guter Geschäftsmann sein kann. Es ist dies der bekannte Automobilkönig Henry Ford,

---

Rechnet man für jede achtstündige Arbeitsschicht 4,6 cbm Bodenaushub, so hätten bei ausschließlicher Menschenarbeit für die Leistung sämtlicher Maschinen (623 700 cbm im Monat) 5460 Mann eingestellt werden müssen, so daß durch die Maschinenarbeit über 5000 Arbeiter erspart wurden. — Beim Verladen der abgesprengten Felsstücke kann ein Arbeiter 70 bis 100 kg, die Dampfschaufel aber solche von 10 000 kg bewältigen, so daß für das Verladen durch Arbeiter zwei- bis dreimal so viele Sprenglöcher erforderlich sind als für jenes bei Verwendung von Dampfschaufeln. Dementsprechend beträgt der Sprengstoffverbrauch pro $^3/_4$ cbm im ersteren Falle 500 g, im letzteren nur 150 g. Dadurch verschiebt sich aber auch die Arbeiterzahl für diese Arbeit von 700 bis 800 auf 2100 bis 2400 und der monatliche Sprengstoffverbrauch für 623 600 cbm Felsen von 120 000 kg auf 360 000 kg usw. (Stahl und Eisen 1908, **34**.)

dessen sehr lesenswertes Buch „Mein Leben und Werk“ aufs beste empfohlen werden kann. Er geht von dem Grundsatze aus, die bestmögliche Ware zu möglichst niederen Preisen zu liefern, sich dabei mit einem kleinen Nutzen zu begnügen, die Angestellten aber hoch zu entlohnen. Während andere bei gutem Geschäftsgange die Preise erhöhen, setzt er sie — besonders dann, wenn der Geschäftsgang nachläßt — herab. Trotzdem die übrige Geschäftswelt unter diesen Umständen den baldigen Zusammenbruch der Fordgesellschaft ankündigte, hatte dieselbe doch vollen Erfolg, wie folgende Zahlen beweisen:

Jahr	Erzeugte Wagen	Verkaufspreis	Gesamterlös
1909 bis 1910	18 664	950 Dollar	17,73 Millionen Dollar
1913 „ 1914	248 317	550 „	136,57 „ „
1920 „ 1921	1 250 000	440 bis 355 „	4969,35 „ „

Das Geschäft blüht immer mehr, und jetzt geht Ford daran, in den wichtigsten Städten Europas Fabriken zu errichten.

Besonders bezeichnend für den Gedankengang Fords ist es, daß er in einem Jahre, in welchem seine Gesellschaft einen außergewöhnlich hohen Gewinn erzielte, den Käufern für jeden in diesem Jahre gekauften Wagen 50 Dollar zurückzahlte!

Woher rühren nun diese Erfolge?

Ford betrachtet die Arbeit und die Qualität der Erzeugnisse als die Hauptgrundlage jedes Geschäftes. Man soll — sagt er — von dem Kapital, das in ein Unternehmen hineingesteckt wurde, nicht deshalb eine gewisse Verzinsung verlangen, weil es, in eine Bank eingelegt, eine solche abgeworfen hätte, denn eine derartige kapitalistische Auffassung verteuert die Erzeugnisse um diesen Bankzins und verringert die Arbeitslöhne. Aus diesem Grunde vermeidet Ford nach Möglichkeit, Kapital von Banken aufzunehmen.

Um die Erzeugungskosten zu verringern, will er nicht an Arbeit als solcher sparen, sondern trachtet sie in der Weise zu vereinfachen, daß jede Energie- und Zeitverschwendung tunlichst vermieden wird. Er tut dies beispielsweise dadurch, daß Arbeitsstücke, Werkzeuge und Hilfsmaterialien jedem Arbeiter auf mechanischem Wege zugeführt werden, er also keinen unnötigen Weg machen und keine Zeit verlieren muß, um sich alles zusammenzutragen, was er braucht. Auch wird alles in solcher Höhe über dem Boden und in solcher Lage herbeigebracht, daß der Arbeiter keine unnötige Armbewegung, kein Bücken usw. nötig hat, usw. Die so erzielten Ersparnisse sind außerordentlich groß. Wenn zur Herstellung eines Wagens noch ebenso viele Arbeiter nötig wären wie bei Gründung des Betriebes, wo die Arbeitskräfte einzig und allein zu Montagezwecken benutzt wurden, so müßte er heute 200 000 Arbeiter beschäftigen, während er nun bei einer Tagesproduktion von 4000 Wagen nur 50 000 Mann beschäftigt. Während im Jahre 1913 auf jeden Wagen im Tag 50 Mann kamen, sind es heute nur 4 Mann!

Volkswirtschaftlich von großem Interesse ist es auch, daß Ford seit dem 12. Januar 1914 keinen Arbeiter wegen körperlicher Mängel zurückweist, sondern jeden — auch Blinde und Krüppel —, wenn er nur keine ansteckende Krankheit besitzt, mit 5 Dollar (heute sogar 6 Dollar) Mindestlohn pro Tag und achtstündige Schicht anstellt, aber ihm eine solche Arbeit zuweist, bei welcher er ebensoviel leisten kann wie ein vollkommen gesunder Mensch. Er ist ganz dagegen, Leute wegen eines Gebrechens mit geringerem Lohn anzustellen und sich dafür auch mit einer geringeren Leistung zu begnügen. Auch hält er das Spenden von Almosen nicht für die richtige Art von Wohltätigkeit.

In Amerika beschäftigt man sich sehr stark mit der ursprünglich von *Taylor* angeregten Betriebswirtschaft, und in einer im Dezember 1925 abgehaltenen gemeinsamen Tagung der *Taylor*-Gesellschaft und des Ausschusses für Betriebswissenschaft, des amerikanischen Ingenieur-Vereins in New York wurde eine Reihe höchst interessanter Vorträge über die Bewirtschaftung der menschlichen Arbeitskraft gehalten[1]). Auch wurde die Abhaltung von Vorlesungen über Betriebswirtschafts-Wissenschaft angeregt.

3. Schutz und Pflege der menschlichen Energieträger. Die Pflege der menschlichen Energieträger muß je nach der Art ihrer Verwendung eine verschiedene sein. Das gilt besonders von der Nahrung, bei der es heute üblich geworden ist, den Tagesbedarf pro Kopf in Calorien auszudrücken. Das klingt allerdings außerordentlich wissenschaftlich, ist aber doch nur in sehr beschränktem Maße richtig! Da könnte man sich ja mit Petroleum ernähren wollen, dessen Brennwert 11 000 Cal beträgt. Dies geht nun allerdings deshalb nicht, weil wir Petroleum nicht verdauen und assimilieren können. Aber es ist wohl auch recht fraglich, ob der Esel wirklich mit Vorliebe Disteln frißt oder ob — wie während des Krieges behauptet wurde — Pferde vorteilhaft mit Sägespänen ernährt werden können!

Zweifellos muß die Nahrung der Lebensweise angepaßt werden. Menschen, die beständig im Freien leben, Schwerarbeiter, können eine schwere und auch fette Kost vertragen, während der geistig Tätige eine leichtere Kost benötigt und auch manche Genußmittel (wie Kaffee und Tabak), die als eine Art Regulatoren auf die Lebenstätigkeit wirken, nicht entbehren kann.

Überernährung ist ebenso schädlich wie Unterernährung, unter der wir im Kriege so sehr zu leiden hatten. Wie sehr der Mensch durch die Art seiner Ernährung auch bezüglich seiner geistigen Fähigkeiten beeinflußt werden kann, zeigt das häufige Auftreten von Gedächtnisschwäche in den letzten Kriegsjahren, das ein Arzt auf den Fettmangel der Bevölkerung zurückführte, der bei dem ungenügenden Fett- und namentlich Zuckerkonsum nicht mehr behoben werden konnte. Wenn auch das Gehirn — ebenso wie bei andauerndem Wasserentzug — erst spät angegriffen wird, so leidet in diesem Falle schließlich auch sein Fettgehalt.

Aber auch sonst darf nicht alles über einen Kamm geschoren werden! Vor dem Gesetze muß allerdings vollkommene Gleichheit gelten; sonst besteht sie aber nicht und kann auch nicht bestehen, weil die Fähigkeiten und Eigenschaften der Menschen eben sehr verschieden sind. Somit kann auch die

[1]) Auszugsweise in Stahl und Eisen 1926, Nr. 37, S. 1261—1264.

Entlohnung nicht pro Kopf gleichartig bemessen werden. Jugendliche, z. B. — gleichgültig, in welchem Berufe sie tätig sind — müssen jedenfalls hinreichend bezahlt werden, um ihre Entwicklung nicht zu hemmen; aber im Interesse ihrer eigenen Zukunft soll eine übermäßige Honorierung vermieden werden, weil dadurch gerade die Jugend zu Üppigkeit und Verschwendung verleitet werden kann, wodurch sie ihr Glück und ihre Gesundheit aufs Spiel setzt.

Anderseits aber sind Alte und Kranke sowie solche, die nicht mehr arbeiten können, ausreichend zu versorgen.

Im übrigen aber sollen Entlohnungen und Leistungen zueinander im richtigen Verhältnisse stehen; denn wenn bessere Leistungen nicht auch besser entlohnt werden, so sinken die Leistungen aller zum Schaden des ganzen Volkes auf ein Minimum herab.

Geistige Leistungen müssen (allerdings nach ihrer Qualität abgestuft) höher entlohnt werden als mechanische, denn die zu solchen Leistungen Befähigten sind nicht nur um so seltener zu finden, je hochwertiger ihre Leistungen sind, sondern sie schaffen auch der Allgemeinheit größeren Nutzen als andere; denn gerade sie geben die Anregung und schaffen auch die Möglichkeit für die Leistungen vieler anderer.

Allerdings ist es auch nötig, die geistige Leistungsfähigkeit, ja die geistigen Leistungen selbst, die sich ja nicht in Pferdestärken, Wärmeeinheiten oder Kilowatt messen lassen, richtig zu beurteilen, und das ist leider nicht immer der Fall. Nicht selten sieht man, daß Leute mit gutem Mundwerk, die gar keine besonderen Fähigkeiten besitzen, ganz außerordentliche Karriere machen, während hervorragend tüchtige, aber bescheidene Menschen nur schwer vorwärtskommen.

4. Erziehung und Schulung. Die menschlichen Energieträger, und unter diesen ganz besonders die geistig tätigen, bedürfen aber auch der Erziehung und Schulung, welchen daher besondere Aufmerksamkeit seitens des Staates gebührt.

Die Erziehung muß schon in der frühesten Kindheit einsetzen, um tüchtige, brauchbare und rechtschaffene Menschen heranzubilden. Sie erfordert Ernst und Strenge, aber auch Liebe und gute Beispiele. Eine gute Erziehung muß aber auch Arbeitsamkeit, Fleiß, Genügsamkeit und Sparsamkeit lehren. Das Schwergewicht der Erziehung liegt in der Hand der Eltern und ganz besonders in jener der Mütter! Gar manches Volk — wie z. B. das alte römische — ist an dem Mangel an guten, braven und tüchtigen Frauen und also auch an guten Müttern zugrunde gegangen! Freilich kann es die Mutter nicht allein richten, sondern beide Eltern müssen zusammenwirken, und vor allem auch zusammenhalten, wenn die Erziehung eine gute sein soll.

Es muß somit auch das Familienleben eine kräftige Förderung erfahren, statt es — wie das heute von vielen Seiten angestrebt wird — zu zerstören. In der Familie muß sich das Zusammengehörigkeitsgefühl zuerst entwickeln, und der so geweckte Gemeinsinn sich von hier aus auf das ganze Volk übertragen, wenn dieses gesund und lebensfähig bleiben soll.

An die Erziehung in der Familie reiht sich jene in der Schule, und auch diese muß Charakterbildung, Fleiß und Arbeitsfreude, aber ebenso auch das in der Zukunft erforderliche Wissen und Können vermitteln, aber auch Selbstzucht und Entbehren lehren. Auch da ist viel zu bessern und soll namentlich den heute nicht seltenen Bestrebungen in den Volksschulen entgegengetreten werden, den Schülern die Arbeit des Lernens all zu sehr zu erleichtern, die Zahl der eigentlichen Unterrichtsstunden zu verkürzen, Hausaufgaben zu vermeiden und die Kinder spazieren zu führen und viel spielen zu lassen. Woher soll Fleiß, Arbeitsfreude und Gewissenhaftigkeit kommen, wenn die Kinder nicht schon in frühester Jugend hierzu angeleitet werden?

Auch beim Hochschulunterricht bleibt manches zu wünschen übrig! Der enorme Zudrang zu den Hochschulen, wie er in dem letzten Jahrzehnten Platz griff, ist eine recht gefährliche Erscheinung. Nicht nur, daß darunter der Unterricht naturgemäß leiden muß, sondern die Überproduktion an Intelligenz schafft auch ein geistiges Proletariat, das in irgendeiner Weise verkommt, während anderseits vielen Berufszweigen die nötigen Arbeitskräfte fehlen. Da kann nur ein numerus clausus mit gleichzeitiger Siebung der Aufnahmebewerber helfen, um nur die Befähigtesten, und auch von diesen nur so viele, als Aussicht haben, eine der Hochschulbildung entsprechende Stellung im Leben zu finden, zum Hochschulstudium zuzulassen. Das geschieht in Frankreich schon lange, wo beispielsweise die Ecole des Mines nur 100 Hörer aufnimmt, aber für sie 20 Professoren besitzt.

Beim technischen Hochschulunterricht, den der Verfasser in 25jähriger praktischer und 24jähriger Lehrtätigkeit kennen zu lernen und zu beurteilen Gelegenheit hatte, und zu dessen Reform er mehrfach in Wort und Schrift Vorschläge machte, haben wir mit dem Umstande zu kämpfen, daß sowohl die reinen, wie die technischen Wissenschaften von Tag zu Tag an Umfang zunehmen, während die Studienzeit aus praktischen Gründen — besonders bei unseren gegenwärtigen wirtschaftlichen Verhältnissen — kaum eine wesentliche Verlängerung verträgt.

Da es somit ganz unmöglich ist, den Hörern alles zu lehren, was man in dem betreffenden Fachgebiete weiß, wird man sich darauf beschränken müssen, denselben einen guten Grundstock von Wissen mitzugeben. Dieses Wissen soll aber fest sitzen; d. h. es muß in Fleisch und Blut übergegangen, oder mit anderen Worten, es muß wirklich verdaut sein.

Um dieses Ziel zu erreichen, muß der Unterricht ein gründlicher sein, doch ist ein Zuviel, man könnte sagen eine Überfütterung, zu vermeiden, weil dies zu einem mechanischen Einpauken des Gelernten führt, und weil ein so eingepauktes Wissen wenig Wert, aber auch wenig Bestand besitzt.

Eine weitere Hauptaufgabe der Hochschulen ist ferner, ihren Hörern das Lernen zu lehren, d. h. den Unterrichtsstoff gründlich zu durchdenken und zu verarbeiten, um so die Fähigkeit zu erlangen, sich auch in alles Neue, das Wissenschaft und Technik bringen mag, und in der gegenwärtigen Zeit auch tatsächlich in erstaunlichem Maße bringt, allein hineinzufinden.

Nun fehlt namentlich dem in der Praxis stehenden Ingenieur die Zeit, und unter den heutigen Verhältnissen auch die Literatur (die übrigens gegenwärtig so außerordentlich umfangreich ist, daß es ungemein viel Zeit erfordert, um sich durch sie hindurchzuarbeiten), um die wissenschaftlichen und technischen Fortschritte so gründlich zu verfolgen, wie es wünschenswert wäre, und meist fehlen ihm auch die Mittel, um eigene Forschungen so eindringlich und gründlich durchführen zu können, wie notwendig wäre.

Hier Abhilfe zu schaffen bezweckte das vom Verfasser schon 1908 — also einige Jahre vor der Errichtung der Kaiser-Wilhelm-Institute — in Salzburg bzw. Innsbruck geplante metallurgische Institut, das nicht nur Forschungsinstitut sein, sondern auch absolvierten Hochschülern und in der Praxis stehenden Ingenieuren Gelegenheit bieten sollte, sich auf einem speziellen Gebiete weiter auszubilden bzw. ihnen — in periodisch abzuhaltenden Kursen — die neuesten Fortschritte auf wissenschaftlichem und technischem Gebiete zu vermitteln. Solche Kurse werden heute in Deutschland an vielen Orten abgehalten und haben sich vollkommen bewährt.

Von großer Wichtigkeit für jeden Staat und jedes Unternehmen ist eine richtige Verteilung der menschlichen Energieträger auf die verschiedenen Berufszweige; allein diese Frage ist wohl nur sehr schwer und keineswegs zwangsweise zu lösen. Man hat da an die Einführung einer allgemeinen Arbeitspflicht — analog der allgemeinen Wehrpflicht — gedacht, indem die Menschen — sowohl männlichen, als weiblichen Geschlechtes — in einem bestimmten Alter für eine Art Arbeitsarmee assentiert werden und dort durch eine bestimmte Zeit zum Präsenzdienste verhalten werden sollen. Am besten läßt sich da wohl durch den schon erwähnten numerus clausus beim Hochschulstudium, aber auch schon bei den niederen und Mittelschulen etwas erzielen, um nur wirklich befähigte zu höheren Studien aufsteigen zu lassen und namentlich auch die Entstehung eines akademisch gebildeten Proletariats zu verhindern.

Ebenso bedenklich, wie der Zudrang zum Hochschulstudium ist auch jener zum Staatsdienst, der wieder einen Abbau dringend nötig macht. Aber wie soll man das am besten machen? Eben nicht mehr anstellen, als man benötigt.

Ein Berufszweig, der bei uns seit jeher überreich vertreten war, in den letzten Jahren aber geradezu hypertrophierte, ist der Zwischenhandel. Auch er hat seine volle Berechtigung, weil er als Vermittler zwischen Produzenten und Konsumenten fungiert; allein er darf nicht zu sehr überhandnehmen! Da sollte der Abbau in erster Linie einsetzen, und es ist sehr zu bedauern, daß wir nicht gegen den von Ausländern betriebenen Zwischenhandel rechtzeitig ebenso energisch einschritten, wie in Deutschland. — Leider ist zu fürchten, daß gerade der Beamtenabbau eine weitere Steigerung des Zwischenhandels herbeiführen werde, wenn man nicht Mittel findet, die Abgebauten wirklich produktiven Berufszweigen zuzuführen.

VIII. Energiewirtschaft im allgemeinen.

Privat-, Volks- und Weltwirtschaft, Sparsamkeit mit ausländischer Energie, sowie mit den Vorräten an latenter Energie des Inlandes, Wichtigkeit der Landwirtschaft, Ausnützung der Brennmaterialien, Wasserkräfte, Beleuchtung, rationelle Betriebsführung, Energieakkumulatoren usw.

Nachdem wir im früheren eine Übersicht über alle uns zur Verfügung stehenden Energiequellen und Energieträger gewonnen haben, wollen wir nun kurz auf die eigentliche Energiewirtschaft im allgemeinen eingehen.

Daß zwischen Privat-, Volks- und Weltwirtschaft gewisse Gegensätze bestehen, wurde schon früher erwähnt. Die Privatwirtschaft wird natürlich trachten, aus ihrer Unternehmung den größtmöglichen Nutzen herauszuziehen; sie wird sich daher entweder die billigsten, oder die für ihre Zwecke am besten dienlichen Energiequellen aussuchen, während die Volkswirtschaft, die ja für ein ganzes Landgebiet und seine Bewohner zu sorgen hat, mancherlei andere Rücksichten beachten muß. So wird letztere trachten, die aus dem Auslande stammenden Energiequellen nach Tunlichkeit auszuschalten, um möglichst mit den aus dem eigenen Lande stammenden auszureichen; sie wird aber auch trachten, die Träger latenter chemischer Energie (namentlich die Kohlenvorräte des eigenen Landes) tunlichst zu schonen, weil sie ja nur in beschränktem Maße vorhanden sind, also in längerer oder kürzerer Zeit aufgebraucht werden, da ja eine richtige Volkswirtschaft auch für die Zukunft Sorge tragen muß und nicht nach dem Spruche „après nous le déluge“ handeln darf.

Das sind, streng genommen, Gegensätze, die man dadurch auszugleichen trachten muß, daß man sich durch den Export eigener Erzeugnisse die Mittel zum Bezuge fremder Brennstoffe usw. verschafft und so die eigenen Vorräte schont.

So betragen die Kohlenvorräte der Welt nach *E. H. Böcker*[1]) in tausend Millionen Tonnen:

	Steinkohlen	Braunkohlen	Zusammen
Europa	747,5	36,7	782,2
Nord- und Mittel-Amerika	2 261,5	2 811,9	5 073,4
Südamerika	32,1	—	32,1
Asien	1 168,0	112,9	1 281,0
Ozeanien	133,8	35,1	168,9
Afrika	56,8	1,0	57,8
Summa	4 399,7	2 996,6	7 396,3

Nach einer Schätzung beim Geologenkongreß in Toronto (Kanada) im Jahre 1913 betragen die Kohlenvorräte der ganzen Welt (Anthrazit, Steinkohle und Braunkohle), soweit sie sicher nachgewiesen sind, 716 154 Millionen

[1]) Glückauf 1922, Nr. 16/17.

Tonnen, die außerdem noch wahrscheinlich vorhandenen aber 6 681 399 Millionen Tonnen, und zwar:

	Kohlenvorräte in Millionen Tonnen		
	Nachgewiesen	Wahrscheinlich	Summe
Deutschland	104 178	319 178	423 356
Europäisches Rußland	69	60 037	60 107
Großbritannien und Irland	141 491	48 043	189 533
Österreich-Ungarn	17 259	42 010	59 269
Frankreich	4 504	10 079	14 583
Belgien	?	11 000	11 000
Spitzbergen	—	8 750	8 750
Niederland	209	4 193	4 402
Portugal	20	—	20
Spanien	6 222	2 548	8 768
Serbien	60	469	529
Bulgarien	—	388	388
Italien	52	191	243
Dänemark	?	50	50
Rumänien	3	36	39
Griechenland	10	30	40
Schweden	106	8	114
Europa	274 189	510 001	784 190
Amerika	416 891	4 688 637	5 105 528
Asien	20 502	1 259 084	1 279 586
Australien	4 073	166 337	170 410
Afrika	499	57 340	57 839
Auf der ganzen Erde	716 154	6 681 399	7 397 553

Davon entfallen auf die Vereinigten Staaten von Nordamerika allein 3 838 657 Millionen Tonnen, also fünfmal so viel, wie auf ganz Europa,

	Nachgewiesen	Wahrscheinlich	Summe
auf China	18 666	976 921	995 587 Mill. t
„ Japan	968	7 002	7 970 „ t
„ Sibirien	—	173 879	173 879 „ t

Rechnet man mit dem Kohlenverbrauch der verschiedenen Länder im Jahre 1913 (was allerdings nicht ganz richtig ist, weil derselbe ständig wächst), so würden die vorhandenen Kohlenvorräte noch ausreichen in

England	für	986 Jahre,
Frankreich	„	279 „
Rußland	„	1446 „
Belgien	„	413 „
Italien	„	20 „
Deutschland	„	1274 „
Österreich-Ungarn	„	988 „

Diese Verhältnisse haben sich nach dem Kriege sehr wesentlich verändert. So betragen die Kohlenvorräte (Stein- und Braunkohlen) in Deutsch-Österreich nur 342,6 Millionen Tonnen, und bei einem Kohlenverbrauch von

1,17 t für jeden Einwohner können wir daher damit nur etwa 49 Jahre auskommen, wobei die Kohlenvorräte Deutsch-Österreichs, die in Wirklichkeit auf

7 600 000	t	Steinkohlen und
335 000 000	t	Braunkohle, also zusammen auf
342 600 000	t	

geschätzt und in Einheitskohlen mit 5000 Cal Brennwert umgerechnet wurden. Rechnet man auch die Kohlenvorräte der alten österreich-ungarischen Monarchie in solche Einheitskohle um, so sind dies 45 700 Millionen Tonnen, von welchen also Deutschösterreich nur $^3/_4$ Proz. verblieben sind.

Man sieht hieraus, wie notwendig es ist, an unseren Kohlenvorräten zu sparen und andere Energiequellen, wie die Wasserkräfte, aber auch, und zwar ganz besonders, die Landwirtschaft heranzuziehen, die uns außerirdische Energie der Sonne nutzbar macht und als Energiequelle für die belebten Energieträger anzusehen ist.

Eine wohlüberlegte Weltwirtschaft endlich, die für das Wohl der ganzen Menschheit bedacht sein soll, wird die verfügbaren Energiequellen der ganzen Erde wo irgendmöglich dort auszunutzen trachten, wo sie am besten verwertet werden können. Freilich hat es heute, wo sich die einzelnen Staaten gegeneinander abschließen und eifersüchtig beobachten, keineswegs den Anschein, als ob es bald zu einer solchen vernünftigen Weltwirtschaft kommen könne.

In mancher Hinsicht gehen aber diese verschiedenen Interessenkreise doch parallel miteinander, indem auch die Privatwirtschaft — bei hinreichend niederen Preisen — es vorteilhaft finden wird, die ausländische Steinkohle durch einheimische Braunkohle oder durch Wasserkräfte und damit gewonnenen elektrischen Strom zu ersetzen.

Jedenfalls aber sind heute noch immer die Brennstoffe, die Wasserkräfte, die belebten Energieträger und die durch die Land- und Forstwirtschaft ausgenutzte Sonnenenergiemenge für uns die wichtigsten Energielieferanten. Eine gesunde Volkswirtschaft wird daher auch für die Hebung der Land- und Forstwirtschaft Sorge tragen müssen, wozu in erster Linie gute und billige Düngstoffe erforderlich sind. Gerade auf landwirtschaftlichem Gebiete können wir in unserem kleinen Lande auf einige Erfolge hinweisen. So ist

	1919		1924
die Zuckerrübenernte von	791 909 q	auf	4 330 528 q,
„ Zuckererzeugung „	57 000 „	„	750 000 „

gestiegen, so daß vom Zuckerbedarf des Landes im Jahre 1919 noch 18 Proz., im Jahre 1924 aber nur mehr 4 Proz. nicht durch die eigene Erzeugung gedeckt waren. In den Jahren 1924 und 1925 sank die Zuckereinfuhr von 80,47 auf 51,31 Millionen Schilling; die Rübenanbaufläche stieg von 5000 ha (1913) auf 20 000 ha im Jahre 1925.

Noch günstiger war der landwirtschaftliche Ertrag Deutsch-Österreichs im Jahre 1925; er betrug in Prozenten des Eigenbedarfes:

an Roggen	119,6	Proz.	(Überschuß	19,6	Proz.)
„ Kartoffeln	152,0	„	(„	52,0	„)
„ Hafer	108,8	„	(„	8,8	„)
„ Gerste	86,6	„	(Abgang	13,4	„)
„ Mais	74,4	„	(„	25,6	„)
„ Weizen	48,8	„	(„	51,2	„)

Die tägliche Milchproduktion stieg von 26 000 l im Jahre 1919 auf 226 000 l im Jahre 1924.

Da wir noch 480 000 ha (d. h. $^1/_7$ der bebauten Kulturfläche) unkultivierten Boden besitzen, läßt sich durch Melioration desselben etwa $^1/_4$ unseres Handelsbilanzpassivums ersparen.

Dort, wo — wie bei uns — die im Inlande vorkommenden Brennstoffe (Braunkohlen und Torf) minderwertig sind, wird man trachten müssen, diese minderwertigen Brennstoffe zu vergasen oder zu verflüssigen, was natürlich Änderungen im Betriebe und den Feuerungsanlagen bedingt.

Der Übergang zur Gasfeuerung, die Gewinnung von Heizgasen aus minderwertigen Brennstoffen, die Gewinnung wertvoller Nebenprodukte, wie Ammoniak, Teer usw., ist aber auch aus dem Grunde wirtschaftlich, weil ersteres ein wirksames Düngemittel darstellt, während aus letzterem sehr wertvolle Betriebsmittel für Dieselmotoren erhalten werden. Welch hervorragende wirtschaftliche Bedeutung diesen Teerprodukten zukommt, zeigen folgende, auf das Jahr 1912 bezügliche Zahlen:

Wert der Einfuhr in Deutschland (1912).

Leuchtöl	etwa	10	Mill. Mk.
Benzin	„	57	„ „
Schmieröl	„	46	„ „
Gasöl	„	3	„ „
zusammen:	etwa	176	Mill. Mk.

Der gleichzeitige Verbrauch an diesen Stoffen betrug in Deutschland:

Leuchtöl	800 000 t
Benzin	270 000 t
Treiböl	125 000 t
Schmieröl	277 000 t
zusammen:	752 000 t

Besonders vorteilhaft erscheinen hierbei die sog. Schwelprozesse, die ein sehr heizkräftiges Gas und einen leicht zu zerkleinernden Koks liefern, der für Kohlenstaubfeuerungen Verwendung finden kann.

Andererseits bieten die gasförmigen und flüssigen Brennstoffe und in gleicher Weise auch die Kohlenstaubfeuerungen den Vorteil, eine vollständige Verbrennung mit einem relativ kleinen Luftüberschuß zu ermöglichen, so daß man mit denselben — besonders wenn Verbrennungsluft und Heizgase vorgewärmt werden — höhere Verbrennungstemperaturen, also auch eine bessere Wärmeausnützung erreichen kann[1]).

Dort, wo man feste Brennstoffe unmittelbar verfeuert, wird man entweder solche Rostkonstruktionen wählen, die einen Rostdurchfall liefern, der nur wenig unverbrannte Teile enthält, oder man wird den brennbaren Teil des Rostdurchfalles wieder nutzbar zu machen trachten. Welche beträchtliche Mengen von Unverbranntem im Rostdurchfalle enthalten sind, ergibt sich daraus, daß im Jahr 1914 in Deutschland täglich an Rauchkammerlösche der Lokomotiven gewonnen wurden:

Betriebsstelle	Halle	15 bis 18	cbm
,,	Leipzig	20 ,, 25	,,
,,	Weser	20 ,, 25	,,
,,	Bitterfeld	8	,,

Das gibt in Preußen allein täglich 150 bis 160 t Kammerlösche mit einem Heizwert von 48 000 bis 50 000 Cal, die man entweder (in Recklinghausen, Westfalen) nach vorheriger Reinigung von Asche und Staub zum Heizen von Dampfkesseln verwendet (Brennwert etwa 6230 Cal) oder (wie in Königsberg) in Saugzuggeneratoren vergast. Statt dessen kann man aber auch, wie schon oben erwähnt, die Entstehung eines derartigen Rostdurchfalles überhaupt vermeiden, wenn man die Rohkohle unter Gewinnung wertvoller Nebenprodukte vergast.

Auch die Verwendung von an Sauerstoff angereicherter Verbrennungsluft hat sich — vorausgesetzt, daß der Preis derselben hinreichend niedrig ist — in manchen Fällen als vorteilhaft erwiesen.

Mechanische Zufuhr der festen Brennstoffe und Abfuhr des Rostdurchfalles kann Arbeits- und Transportkosten sparen; auch hat man die Asche desselben selbst zu verwerten gesucht.

Strahlungsverluste der Feuerungen werden, wo nicht andere Rücksichten, wie Schonung der Ofenwände, leichtere Reparatur derselben usw., dagegen sprechen, durch Wärmeisolation möglichst eingeschränkt; andernfalls aber sogar absichtlich durch künstliche Kühlung vergrößert.

Um die Wärmeausnützung zu vergrößern, wählt man angemessene Ofenkonstruktionen (große Heizfläche, lange Feuerzüge) und entsprechende Heizungsarten (hohe Verbrennungstemperatur, geringer Luftüberschuß, Wahl eines geeigneten Brennmateriales, dichtes Ofenmauerwerk, um den Zutritt von „falscher Luft" zu verhindern), während man die Abhitze (d. i. die Wärme der abziehenden Rauchgase oder des Abdampfes) gleichfalls in irgendeiner Weise nutzbar macht. Man benutzt sie zum Vorwärmen der Verbrennungsluft sowie der Heizgase in Rekuperatoren und Regeneratoren, für Trocknungszwecke, zum Vorwärmen des Kesselspeisewassers oder zur Dampfüberhitzung. Dabei treten aber in jenen Fällen Schwierigkeiten auf, wo die Rauchgase oder der Abdampf, dessen Wärmeinhalt ja auch möglichst

[1]) Hierbei wird auch zufolge der geringeren Rauchgasmengen der Wärmeverlust durch die abziehenden Essengase häufig ein kleinerer sein.

ausgenutzt werden soll, mit zu niedriger Temperatur entweichen, um noch eine unmittelbare Ausnützung zu gestatten. Hier kann man dadurch helfen, daß man Abdampf von niedriger Spannung komprimiert, wodurch sich seine Temperatur erhöht. So wird beim Thermokompressor der Wasserdampf mittels eines Strahlsaugers, bei der Wärmepumpe (Autovapor) aber mittels eines Kolben- oder Turbokompressors angesaugt und komprimiert, wodurch sich seine Temperatur erhöht. Letzterer Apparat braucht weniger Dampf als ersterer und kann auch, wo solche billig zur Verfügung stehen, durch andere Energieformen (z. B. Elektromotoren) betrieben werden. Beide verfolgen den Zweck, die gegebene Wärmemenge von niedrigerer Temperatur auf eine höhere zu bringen, so daß sie — zufolge des auf diese Weise erhöhten Temperaturgefälles — besser ausgenützt werden kann.

Die früher erwähnten Dampfüberhitzer haben den Zweck, die Wärme bei dem befeuerten Dampfkessel selbst besser auszunutzen. Sie bestehen aus schmiedeeisernen Röhren, die gewöhnlich in den zweiten Feuerzug gelegt werden. Hingegen dienen die Speisewasservorwärmer (Economiser) dazu, einen Teil der Wärme der Abgase zum Vorwärmen des Speisewassers zu verwenden und auf diese Weise wieder dem Kessel zuzuführen.

In dem Bestreben, die hochwertigen, aber teuren Brennstoffe durch minderwertige, billigere zu ersetzen, hat man u. a. in Ägypten zu Nilschilfbriketts (Heizwert 3586 Cal), anderswo aber zu Fichtenrinde (ausgelaugt und trocken etwa 3800 Cal; naß 900 bis 1300 Cal), Lohe (1100 bis 1400 Cal), ja auch zum Müll gegriffen. Letzterer wird in Charlottenburg in den Häusern gesammelt und in folgende drei Sorten gesondert:

1. Asche und Kehricht (in Berlin etwa 20 000 Waggons jährlich), die weggeschafft werden müssen oder in der Landwirtschaft (als Dünger) Verwendung finden, manchmal aber auch geschmolzen und auf Pflastersteine verarbeitet werden;

2. Nahrungsabfälle (etwa ein Sechstel des Gesamtmülls), die gekocht und getrocknet in großen Schweinemästereien verwendet werden. Nach Dr. *A. Trenk* reichen dieselben zur Mästung von 300 000 Schweinen im Werte von 60 Millionen Mark hin;

3. Sperrstoffe, die sortiert werden, der Rest wird verbrannt.

Die Verwendung minderwertigen Brennstoffes bietet dadurch Schwierigkeiten, daß sie wegen ihres niederen Heizwertes keine weite Verfrachtung vertragen. Um sie auf weitere Entfernung absetzen zu können, hat man solche rohe Brennstoffe auf Briketts, Naßpreßsteine usw. verarbeitet.

Briketts werden aus Steinkohle, Braunkohle, Holzabfall, Koksabfall, Ruß, Torf, Heidekraut, Nilschilf u. a. hergestellt, während Naßpreßsteine hauptsächlich aus Braunkohle gewonnen werden. Die Herstellung der letzteren ist billiger als jene von Briketts. Für die Raumheizung haben sich die Braunkohlenbriketts namentlich deshalb gut bewährt, weil sie bei sehr geringem Luftzutritt langsam, aber vollständig verbrennen. Die Verbrennungsgase streichen daher auch langsam durch den Ofen in den Schornstein, geben ihre Wärme großenteils an den Ofen ab und heizen daher hauptsächlich die zu erwärmenden Räume, während bei der gewöhnlichen Ofenheizung viel Wärme durch den Schornstein verlorengeht.

Zu den schon erwähnten Vorteilen, welche Heizgase und flüssige Brennstoffe bieten, kommt noch der weitere, daß man sie aus minderwertigen Brennstoffen gewinnen kann. Je nach ihrem Heizwerte sind sie von verschiedener Güte, worauf man bei ihrer Verwendung möglichst Rücksicht nehmen muß. So benützt man heute in Eisenhütten, die in unmittelbarer Nachbarschaft von Kokereien liegen, die wenig heizkräftigen Hochofengichtgase zur Beheizung der Koksöfen, die reichen Koksofengase aber zur Winderhitzung für die Hochöfen, zum Heizen von Martin- und anderen Öfen, zum Betrieb von Maschinen usw.

Wo Wasserkräfte billig zur Verfügung stehen, wird man sie mit Vorteil unmittelbar zum Betriebe von Maschinen benutzen, also ihre mechanische Energie als solche ausnützen, oder man wird damit Dynamos betreiben und den so gewonnenen elektrischen Strom für mechanische, chemische oder thermische Wirkungen ausnützen (Elektroroheisenerzeugung, Elektrostahlöfen, Metallschmelzöfen, Aluminium- und Carbidfabrikation, Kupferraffinerie, Chlorindustrie usw.). Bei der elektrischen Roheisenerzeugung gewinnt man überdies noch ein sehr heizkräftiges, nahezu stickstofffreies Gichtgas.

Zu den gleichfalls schon erwähnten Vorteilen der flüssigen Brennstoffe kommt noch bei Flugzeugen, Schiffen und Fahrzeugen aller Art der Umstand, daß sie leicht unterzubringen sind, verhältnismäßig wenig Raum einnehmen und bei ihrem hohen Heizwerte eine längere Fahrtmöglichkeit bieten. In dieser Beziehung ist das Benzol, das auch in genügender Menge im Inlande bezogen werden kann, und daher zollfrei ist, dem Benzin überlegen, denn 1 l Benzol gibt 8360 Cal, 1 l Benzin aber nur 7920 Cal, so daß beispielsweise ein Automobil, das mit 1 l Benzin 10 km weit fahren kann, und das 70 l Brennstoff mit sich führt, mit Benzin nur 700, mit Benzol aber 792 km weit fahren kann.

Für Wohnungsheizungen benützt man häufig Zentralheizungen, wobei hauptsächlich die Dampf- und die Warmwasserheizung in Frage kommt. Dort, wo die Strompreise nicht zu hoch sind, empfiehlt sich auch die elektrische Heizung, weil sie bequem ist und weder Zu- noch Abfuhr von Brennmaterial und Asche erfordert; das gleiche gilt auch von der Gasheizung.

Dort, wo mechanische Energie gebraucht wird, und nicht menschliche Energieträger unentbehrlich sind, benützt man, wenn möglich, Wasserkräfte. Wo dies nicht angeht, sind meist Dampfmaschinen in Verwendung, wobei Dampfturbinen den gewöhnlichen Kolbendampfmaschinen vorzuziehen sind. Noch vorteilhafter sind Gasmaschinen (Explosionsmotoren). Unter Umständen wird man sich auch der elektrischen Energie bedienen, wenn die Strompreise niedrig sind, oder dort, wo — wie beispielsweise bei Laufkranen, aber auch bei Eisenbahnen usw. — die Energiezufuhr eine leichte ist, oder es sich überhaupt um Kraftübertragung auf weitere Distanzen handelt.

Der wundeste Punkt der Energiewirtschaft ist die Beleuchtung, da hierbei die Hauptmenge der aufgewendeten Energie in Form von Wärme auftritt, so daß nur ein geringer Bruchteil derselben als Lichtstrahlung zur Erscheinung kommt. So tritt von der Gesamtstrahlung eines rotglühenden absolut schwarzen Körpers nur 0,1 Proz., und selbst bei den höchsten erreichbaren Temperaturen (wie in der Bogenlampe) nur 1 Proz. als Lichtstrahlung auf. Unter diesen Umständen sind daher gerade auf dem Gebiete der Beleuchtungstechnik, und zwar vermutlich bei der sog. Fluorescenz- und Luminiscenzbeleuchtung, von der wissenschaftlich-technischen Forschung große Erfolge zu erwarten.

Die Betriebsführung betreffend, erweist sich ein gleichmäßiger, kontinuierlicher Betrieb stets als der rentabelste. Wo dies nicht möglich ist, wo also entweder periodische Betriebsstillstände eintreten oder sich doch Schwankungen im Energiebedarf ergeben, wird man immer weniger rationell arbeiten. Wenn z. B. eine Feuerung nur einige Stunden am Tage im Betrieb ist, so kühlt sie in den Ruhepausen aus und muß daher vor ihrer Wiederinbetriebsetzung frisch angeheizt werden, was Brennstoff, Arbeitslöhne und Zeit kostet. Überdies entgeht dem Betriebe während des Stillstandes eine gewisse Produktionsmenge, die ja auch als Verlust zu betrachten ist.

Um diese Verluste zu vermeiden, kann man bei gleichbleibender Energieproduktion den sich ergebenden Energieüberschuß aufspeichern oder mit demselben andere Betriebe, die also nur fallweise in Aktion treten, betätigen. Ganz ähnlich kann man aber auch mit menschlichen Arbeitskräften verfahren, wenn man dieselben in Zeiten, wo sie in den ihnen zugewiesenen Betrieben nicht gebraucht werden, für andere Arbeiten (z. B. Aufräumungsarbeiten) oder solche Nebenbetriebe verwendet, die keine ständige Durchführung erfordern.

Es kann aber auch der Fall vorkommen, daß in einem Betriebe plötzlich ein Energiemehrbedarf eintritt, ein Umstand, dem man entweder dadurch begegnen kann, daß man die Energiequelle von vornherein auf dieses Maximum des Energiebedarfes einstellt und die zeitweisen Energieüberschüsse, wie oben erwähnt, anderwärts verwertet, bzw. in Energiespeichern aufsammelt, oder aber, daß man, wenn ein Energiemehrbedarf eintritt, Reserve-Energieerzeuger in Betrieb setzt[1]).

Einen derartigen natürlichen Speicher für die Strahlungsenergie der Sonne, der für unsere Existenz von größter Wichtigkeit ist, stellen — wie schon mehrfach hervorgehoben — die Pflanzen dar, doch läßt sich die Sonnenenergie nach dem Vorschlage von *Ciamiccian* auch künstlich aufsammeln. Ähnliche Speicher für die Sonnenenergie sind aber auch die Seen und Gletscher.

[1]) Das idealste in solchen Fällen wäre natürlich ein Mittelweg: eine dem mittleren Energiebedarfe entsprechende gleichmäßige Energieerzeugung und Aufspeicherung zeitweise auftretender Energieüberschüsse, die im Falle plötzlich eintretenden stärkeren Energiebedarfs herangezogen werden.

Mechanische Energieakkumulatoren sind beispielsweise die Pendel, die beim Abwärtsschwingen so viel an freier Energie gewinnen, daß sie (wenn man von der Reibung absieht) beim Aufwärtsschwingen wieder bis zur ursprünglichen Höhe aufsteigen, ferner die Schwungräder, deren aufgespeicherte Energie dazu dient, auftretende größere Widerstände zu überwinden und so einen gleichmäßigen Gang der Maschinen vermitteln.

Andere Arten von Speichern für mechanische Energie sind die hydraulischen Akkumulatoren für Druckwasserpressen, die Hochbehälter mit Pumpenbetrieb und die schon mehrfach erwähnten Staubecken.

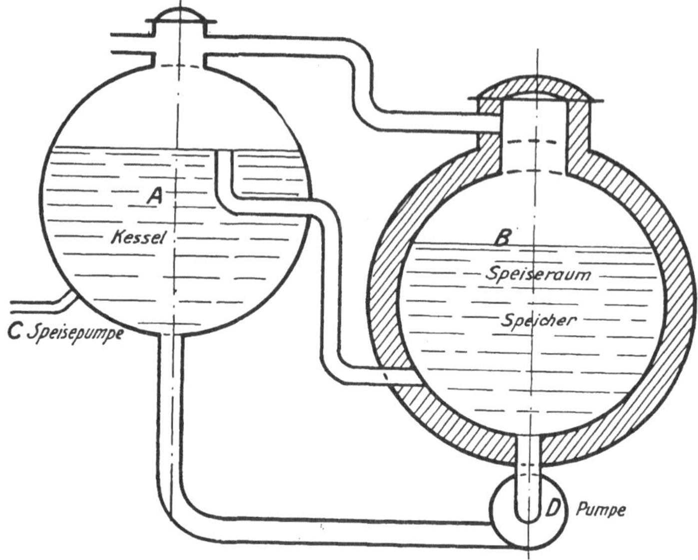

Fig. 21. Kieselbachscher Speiseraumspeicher.

Dort, wo gasförmige Brennstoffe (wie Gichtgas beim Hochofenbetriebe oder das Leuchtgas der Gasanstalten) beständig erzeugt, aber ganz oder teilweise nicht sofort verbraucht werden, kann man Gasbehälter verwenden. So baut die Maschinenfabrik Augsburg-Nürnberg für Gichtgase schon Trockengasbehälter mit bis zu 50 000 cbm Inhalt.

Zur Ansammlung von Wärme dienen Wärmespeicher (auch Wärmeregeneratoren genannt), die heute in der Industrie, namentlich in der Metallurgie, Keramik usw., vielfach Verwendung finden (Winderhitzer, Regeneratoren bei Siemens-Martin-Öfen und anderen Feuerungen). Sie werden mit verbrannten oder mit verbrennenden Gasen geheizt, wobei ihre Steinfütterung bedeutende Wärmemengen aufnimmt, welche in einer zweiten Phase wieder an die in entgegengesetzter Richtung hindurchgeschickte Luft an die Heizgase abgegeben werden, wodurch diese vorgewärmt werden. Hingegen können die Rekuperatoren nicht als Wärmespeicher angesehen werden, da sie die Wärme nicht aufspeichern, sondern nur als kontinuierliche Wärmeüberträger wirken.

Gleichfalls als Wärmespeicher wirken die feuerlosen Lokomotiven, das sind mit großen, gut isolierten Dampfkesseln versehene Lokomotiven, deren Kessel etwa zu $^3/_4$ mit Wasser gefüllt und von ortsfesten Kesselanlagen aus solange mit hochgespanntem Dampf geheizt werden, bis Temperatur und Druck in beiden Kesseln nahezu gleich geworden sind. Nun wird die Maschine abgekuppelt und zum Rangierdienst verwendet, wobei sie den zum Fahren nötigen Dampf dem Kessel entnimmt. Dabei sinkt die Temperatur im Kessel allmählich, worauf die Maschine neu geladen werden muß. Je nach der Größe des Kessels und des Arbeitszylinders sowie der Stärke der Beanspruchung kann eine solche feuerlose Maschine 4 bis 6, ja selbst bis 10 Stunden ohne Neufüllung im Betriebe sein. Ähnliche Wärmespeicher werden jetzt auch als ortsfeste Anlagen gebaut, wo sie den Abdampf von Kolbenmaschinen, Dampfhämmern, hydraulischen Pressen u. a. ausnützen. Hierher gehört auch der Kieselbachsche Speiseraumspeicher (Fig. 21), der aus zwei miteinander verbundenen Kesseln A und B besteht. Der Kessel A hat konstanten Wasserstand, so daß das zu viel nachgepumpte Wasser durch ein Überfallrohr in den Speiseraumspeicher B abfließt. Die Speisung von A erfolgt teils durch eine Speisepumpe C, teils aber durch die Pumpe D aus dem Wärmespeicher, so daß man entweder die Speisung von A fortsetzen und überhitztes Wasser für die Wärmeaufspeicherung erzeugen, oder die direkte Speisung abstellen und A aus dem Wärmespeicher nachspeisen kann. Letzteres bietet den Vorteil, daß stets ein großer Vorrat von Wasser vorhanden ist, das Dampftemperatur besitzt. Sinkt bei zu großer Dampfentnahme der Dampfdruck, so wird durch den zweiten Kessel sofort wieder Dampf der gewünschten Spannung nachgeliefert.

Schließlich sind noch die elektrischen Akkumulatoren zu erwähnen, in welchen elektrische Energie in Form von chemischer Energie aufgespeichert wird, die im Bedarfsfalle wieder zurückgewonnen werden kann. Die Lichtakkumulatoren endlich (fluorescierende Körper) haben nur eine untergeordnete Verwendung zu leuchtenden Zifferblättern usw. gefunden.

Eine besondere Stellung im Rahmen der Energieverwendung nehmen jene Arbeitsvorgänge ein, bei welchen die sog. Arbeitseigenschaften der Materialien verändert werden und die hier noch eine kürzere Erwähnung verdienen. Hierher gehören die Veränderungen der Materialeigenschaften von Metallen durch kalte Bearbeitung, durch Härten und Anlassen, die sog. Vergütung von Spezialstählen usw.[1]).

Kalte Bearbeitung z. B. erhöht die Festigkeit und die Elastizitätsgrenze, vermindert aber die Zähigkeit. Hier wird die bei der kalten Bearbei-

[1]) *H. v. Jüptner*, „Die Festigkeitseigenschaften der Metalle“, 1919, und „Beziehungen zwischen den mechanischen Eigenschaften, der chemischen Zusammensetzung, dem Gefüge und der Vorbehandlung von Eisen und Stahl“, 1919.

tung aufgewendete Energie zum guten Teile in dem bearbeiteten Material aufgespeichert. Dadurch wird die Arbeitsfähigkeit desselben, die wir einfachheitshalber durch das Produkt aus elastischer Dehnung und Elastizitätsgrenze messen wollen, vergrößert[1]).

Geht die Beanspruchung eines Materiales über die Elastizitätsgrenze hinaus, so treten bleibende Formänderungen ein, wobei sich auch die Materialeigenschaften ändern, weil ja diese Überbeanspruchung selbst eine Art kalter Bearbeitung ist.

Durch Ausglühen geht das kalt bearbeitete Material wieder in seinen ursprünglichen Zustand zurück, seine Festigkeits- und Elastizitätsgrenze verringert, seine Zähigkeit aber vergrößert sich. Es rührt dies daher, daß die durch die kalte Bearbeitung gegeneinander verschobenen Metallatome, zwischen welchen Spannungen auftreten, sich beim Erwärmen so gegeneinander verschieben, daß die Spannungen verschwinden.

Das Härten wirkt auf Stahl ganz ähnlich wie die kalte Bearbeitung: Festigkeit und Elastizitätsgrenze werden bedeutend erhöht, die Zähigkeit aber verringert. Auch in diesem Falle wird die Arbeitsfähigkeit des Materiales erhöht; aber der Vorgang ist hier ein etwas anderer. Beim Härten wird nämlich der Stahl zunächst auf die Härtungstemperatur erhitzt, ihm also Energie in Form von Wärme zugeführt. Nun wird das Material rasch abgekühlt, ihm also wieder Wärme entzogen. Durch diese rasche Abkühlung wird nun jene Umwandlung (Zerfall des bei höherer Temperatur entstandenen Austenites bzw. Martensites) verhindert, welche im Stahl bei dessen langsamer Abkühlung eintreten würde. Da diese Umwandlung mit einer Wärmeentwicklung verbunden ist, wird dem Stahl bei seiner raschen Abkühlung weniger Wärme entzogen, als wenn man ihn langsam abkühlen läßt. Der Energieinhalt des gehärteten Stahles ist also größer als jener des ausgeglühten, und dieser Energieüberschuß muß sich in der Erhöhung der Arbeitsfähigkeit bemerkbar machen.

Beim Anlassen hingegen wird dem gehärteten Stahl durch seine Erwärmung Gelegenheit geboten, sich teilweise wieder rückumzuwandeln und dementsprechend nimmt der Energieinhalt und damit die Arbeitsfähigkeit des Materiales etwas ab.

Während das Produkt aus Elastizitätsgrenze und elastischer Dehnung als Maß für die Arbeitsfähigkeit des Materiales gelten kann, ist die Zähigkeit, oder richtiger, das Produkt aus Bruchfestigkeit und Bruchdehnung (die *Tetmayer*sche Qualitätsziffer), vermindert um das Produkt aus Elastizitätsgrenze und elastischer Dehnung, ein Maß seiner Bearbeitungsfähigkeit. Da nun ein Material nur dann bearbeitet werden kann, wenn seine Elastizitätsgrenze überschritten wird, muß es um so schwieriger zu bearbeiten sein, je größer seine eigene Arbeitsfähigkeit ist. So sinkt beispielsweise beim Härten die Zähigkeit mit wachsender Elastizität und Festigkeit.

---

[1]) Elastizitätsgrenze ist jene Belastung, über welche hinaus eine bleibende Formänderung eintritt, während elastische Dehnung die Verlängerung eines belasteten Stabes bedeutet, welche durch die Belastungseinheit hervorgerufen wird.

Ein noch viel zu wenig beachteter Weg zur Verbesserung der Energiewirtschaft, auf welchen schon oben hingedeutet wurde, liegt in der möglichst langen Erhaltung der unter Energieaufwand hergestellten Arbeitsprodukte. Welche bedeutende Energiemengen so erspart werden können, möge folgendes Beispiel zeigen. Nach den letzten Berichten des Iron and Steel Institute in London sind in der Zeit von 1890 bis 1923, also in 33 Jahren, von der Welterzeugung an Eisen und Stahl im Betrage von 1770 Millionen Tonnen durch Rost 720 Millionen Tonnen, also rund 40 Proz. zerstört worden, während nur etwa 400 Millionen Tonnen (etwa 12 Proz.) durch sonstige Abnutzung in Abgang kamen.

Dieser enorme Verlust an Eisenwaren, den nur das Rosten allein bedingte, und der zu Neuerzeugungen nötigte, entspricht — wenn das so zerstörte Metall nur Gußeisen wäre — einem Koksaufwand von gleichfalls 1770 Millionen Tonnen, zu dessen Gewinnung etwa 2600 Millionen Tonnen Rohkohle verbraucht werden müssen. Ist das durch Rost zerstörte Eisenmaterial aber ein Frischprodukt, so benötigt man zu dessen Wiederherstellung mindestens 3100 Millionen Tonnen Kohle, wobei der für die Formgebung aufgewendete Brennstoffverbrauch nicht mitgerechnet ist.

Demgegenüber betrug die Weltproduktion an Koks im Jahre 1913 nur 58 Millionen Tonnen, und an mineralischen Brennstoffen überhaupt etwa 880 Millionen Tonnen, so daß obige Zahlen der Kokserzeugung von 30 Jahren entsprechen würden.

Diese Zahlen zeigen, welche Wichtigkeit sowohl für die gesamte Volksals für die Energiewirtschaft die Anwendung von guten Rostschutzmitteln, oder gar von rostfreien Stählen, wie sie in letzter Zeit namentlich von Krupp in Essen, aber auch von anderen Stahlwerken hergestellt werden, besitzen. Leider sind solche gute, rostfreie Stähle noch etwa 12 bis 15mal so teuer wie gewöhnliche Stähle, machen sich aber doch schon in vielen Fällen durch die längere Haltbarkeit bezahlt.

IX. Energiewirtschaft in größeren Gebieten (Gemeindewirtschaft).

Fernheizung, Gasversorgung, Kokereibetrieb, Wasserkräfte, elektrische Energie, Windkräfte, Nebenprodukte aus Kohlen, Land- und Forstwirtschaft, Düngemittel.

Gehen wir nun auf die Energiewirtschaft in größeren Gebieten über, bei welchen das Interesse weiterer und verschiedenartiger Energieverbraucher in Betracht kommt, wie Städte und größere Ländergebiete, wo also nicht die Privat-, sondern die Gemeindewirtschaft in Frage kommt.

Die meisten Städte haben Elektrizitäts-, Gas- und Wasserwerke, ja in Amerika haben es schon etwa ein Vierteltausend Städte unternommen, die

Abwärme ihrer Maschinen dazu zu benutzen, um die Häuser im Winter zu heizen, im Sommer aber zu kühlen. Die Ursache, warum das bei uns nicht gleichfalls geschieht, dürfte darin zu suchen sein, daß in den europäischen Städten die Elektrizitätswerke in den meisten Fällen für die Wärmeverteilung ungünstig gelegen sind, doch kann es manchmal wohl auch vorkommen, daß die Betriebsleute dieser Werke ihren Betrieb auf solche Weise nicht verwickelter gestalten wollen.

Den ersten Versuch in dieser Richtung hat in Deutschland — wenn auch in kleinem Maßstabe — das staatliche Fernheizwerk in Dresden gemacht, indem es die Abwärme seiner Dampfmaschinen gegen eine Pauschalsumme an einen Unternehmer verkaufte, der sie wieder an Häuser, die in der Nähe des Postplatzes gelegen waren, abgab.

In ganz ähnlicher Art gibt ein großes Kraftwerk in München seine Abwärme an das, in seiner unmittelbaren Nähe liegende neue Krankenhaus ab; doch ist eine derartige günstige Lage selten.

Fernheizwerke, die nicht in erster Linie der Stromerzeugung dienen, können nur dann wirtschaftlich arbeiten, wenn sie, ohne Rücksicht auf den schwankenden Wärmebedarf der zu heizenden Gebäude, ihre Maschinen dauernd gleichmäßig belasten und nur einen eventuellen Überschuß an gewonnener Energie an andere Stromverbraucher (z. B. an das Netz eines großen Elektrizitätswerkes) abgeben. Dort, wo in derselben Gemeinde und in derselben Gegend mehrere Betriebsstellen existieren, wird sich durch eine Vereinigung derselben nicht nur ein Ausgleich der Bedarfsschwankungen und damit eine gleichmäßigere Belastung, sondern auch bessere Wirtschaftlichkeit erzielen lassen. Je mehr derartige Elektrizitätswerke sich zusammenschließen, desto vorteilhafter können sie arbeiten. Gleichzeitig mit einer Verbilligung des Strompreises wird dann auch der Elektromotor den Kleinmotor, und zwar auch den Gasmotor, immer mehr verdrängen. Kleine Elektrizitätswerke, die zur Erzeugung von Lichtstrom mehr Brennstoff verbrauchen, als Großkraftwerke, wird man natürlich still legen.

Auch die Gaswerke arbeiten um so billiger, je größer sie sind. Freilich müssen sich die Gaswerke den neuzeitlichen Forderungen anpassen und namentlich dahin trachten, durch Ersparung von Unterfeuerung eine größere Koksausbeute zu erzielen. Infolge des Krieges hat man überall den Zusatz von Wassergas zum Leuchtgas erhöht. Hierbei hat man das Wassergas häufig nicht in eigenen Generatoren erzeugt, sondern dadurch gewonnen, daß man gegen Ende der Garungszeit Wasserdampf in die Gasretorten leitete (nasser Betrieb). Man erzielte so allerdings eine Vergrößerung der Gasmenge, aber auch eine Verringerung des Heizwertes.

In einem Vortrage[1]) wies *Bunte* auf die Notwendigkeit hin, daß sich Gasanstalten immer mehr auf den Kokereibetrieb einrichten müssen, da zufolge des beständigen Knapperwerdens der festen Brennstoffe die Kokspreise steigen. Andererseits bevorzugen die Gasfachleute häufig die Mischgaserzeugung,

[1]) Journ. f. Gasbeleuchtung, 1919, Nr. 40, S. 620.

suchen aber hierbei die wichtigste Aufgabe nicht in einer Verdünnung, sondern in der Gewinnung immer besseren Gases.

Bei den hohen Kosten der Rohrleitungen, die mit dem Rohrdurchmesser sehr beträchtlich wachsen, lassen sich Schwachgase kaum für Fernleitungen verwenden. Um die Rohrlängen und Rohrweiten, die bei der Fernleitung verschiedener Arten von Gasen in Betracht kommen, zu beurteilen, kann man folgende Zahlen benutzen, die sich auf gleiche Anlagekosten beziehen, wobei die für Hochofengichtgase erforderte Rohrlänge (m) als Einheit gewählt ist:

Gas	Heizwert, Cal	Rohrdurchmesser	Rohrlänge
Hochofengas . .	800	78,0 cm	m
Generatorgas . . .	1200	59,5 ,,	1,39 m
Wassergas	2400	45,0 ,,	1,98 ,,
Kokereigas . . .	5000	33,5 ,,	3,19 ,,
Methangas	9000	25,0 ,,	3,65 ,,

Überdies werden auch noch mit zunehmender Heizkraft der Gase, also mit kleinerwerdendem Rohrdurchmesser, die Drucke immer kleiner, die zur Fortleitung der Gase erforderlich sind.

Bei der städtischen Gaswirtschaft sind die vorhandenen Rohrnetze meist nur zur Lichtversorgung von Straßen und Häusern bestimmt und reichen daher für die Zwecke der Raumheizung nicht aus. Aber selbst wenn man für diese Zwecke ganz neue Rohrleitungen legen würde, kann das Steinkohlengas nur in beschränkter Weise zur winterlichen Raumheizung herangezogen werden, da hierdurch eine sehr beträchtliche Zusatzbelastung des Gaswerkes hervorgerufen würde, welche die Wirtschaftlichkeit des Unternehmens in Frage stellen kann. Überdies müßte für diese Zwecke ein niedriger Sondertarif aufgestellt werden, um mit anderen Beheizungsarten konkurieren zu können. Unter diesen Umständen erscheint es derzeit aus wirtschaftlichen Gründen unmöglich, alle oder doch die meisten der bestehenden oder neu zu gründenden Zentralheizungen einer Stadt an das Gasrohrnetz anzuschließen, während eine aushelfende, vorhandene Zentralheizungen ergänzende Gasheizung, für welche auch viele Gasfachleute sich seit Jahren einsetzen, ganz gut durchführbar ist.

Die Verwendung von Leuchtgas für gewerbliche Zwecke hingegen verteilt sich, wie die Erfahrung gezeigt hat, gleichmäßig über das ganze Jahr, und erscheint daher sowohl wegen der hierdurch bewirkten Erhöhung der Absatzmenge, wie auch wegen der so erreichbaren Erfolge so zweckmäßig, daß hierfür niedere Sondertarife gewährt werden sollten.

Während sich der Leuchtgasbetrieb immer mehr der Methoden der Kokerei bedient, so daß sich beide prinzipiell kaum mehr voneinander unterscheiden, hat sich im Koksofenbetrieb insofern eine wesentliche Veränderung vollzogen, als man zur Beheizung der Koksöfen heute schon häufig Schwachgase benützt, die sehr heizkräftigen Koksofengase aber für andere Zwecke verwendet. Wenn dies schon bei allen Kokereien der Fall wäre, so würden (nach

Wilzek) in Deutschland mindestens 1400 Millionen Kubikmeter Kokereigas im Jahre, also um die Hälfte mehr, gewonnen werden, als sämtliche deutsche Gasanstalten an Leuchtgas liefern. Um diese Gase ihrer Verwertung zuzuführen, müßten sie freilich auf größere Entfernung fortgeleitet werden, d. h. man muß zu einer Ferngasversorgung schreiten.

Solche Ferngasversorgungen hat man zuerst in Amerika eingeführt, wo man nicht nur Erdgas, sondern auch Kokereigas auf weite Strecken zur Verbrauchsstation führt.

Die Erbauung von Koksöfen zur Versorgung von Städten mit Leuchtgas begann in der Mitte der 90er Jahre des vorigen Jahrhunderts, und heute sind in Amerika schon etwa 2200 Koksöfen für Beleuchtungszwecke im Betriebe. In Europa wurde die erste derartige Anlage im Jahre 1900 in St. Margareten (Schweiz) errichtet. Im Jahre 1913 waren in Deutschland 18 Hochdruckanlagen mit, und 15 ohne Gasbehälter in Betrieb; die erste Gasfernversorgung ohne Gasbehälter wurde in Heidelberg gebaut. Sie arbeitet bei etwa 12 km Rohrlänge ohne Schwierigkeit, und es verdient besonders hervorgehoben zu werden, daß fünf in der Nähe von Heidelberg liegende Gemeinden, die bereits elektrische Überlandkraftwerke besaßen, wegen der größeren Billigkeit doch zur Versorgung mit Gas schritten.

Freilich wird eine Gasanstalt, auch wenn sie mit den modernsten Einrichtungen versehen ist, nie imstande sein, mit so billigen Gestehungskosten zu arbeiten wie eine mitten im Kohlengebiete liegende Kokerei, wobei noch zu bedenken ist, daß die in der Nachbarschaft einer Gasanstalt liegenden Grundstücke entwertet werden. Überdies haben viele in der Mitte von Städten liegende, aber auch manche schon existierende kleine Gasanstalten, keine Möglichkeit, sich zu vergrößern, während bei ihrer Auflassung und Versorgung der Städte mit Kokereigas die Wertsteigerung der so frei werdenden Grundstücke als Gewinn zu buchen ist; wozu noch weiter der Umstand kommt, daß die meisten bestehenden Gasanstalten dringend eines Umbaues bedürfen.

Überall dort, wo Kokereien in nicht allzu großer Entfernung von den Verbrauchsorten des Gases liegen, wird man sich daher von diesen aus versorgen; wo dies nicht der Fall ist, wird man hingegen zur Errichtung von modernen Gasanstalten mit Großraumöfen (die ja eigentlich nichts anderes sind als Koksöfen), also zu einem eigenen Kokereibetriebe mit Zufuhr von Kohlen schreiten.

Allerdings bietet auch die Ferngasversorgung verschiedene Schwierigkeiten, wie die Kosten für die Rohrleitungen, die Druck- und Gasverluste in den Leitungen und die Notwendigkeit, mit höherem Druck — also mit Kompressoren — zu arbeiten.

Für die Rentabilität der Energieversorgung mit Kohle, Braunkohlenbriketts, mit Ferngasleitungen und mit Hochspannungsleitungen in ihrer Abhängigkeit von der Entfernung von der Kohlengrube hat *Trenkler* eine Formel angegeben, in welcher A und A_1 den Preis von 1 t Rohbraunkohle am Erzeugungsorte und am Verbrauchsorte, B und B_1 jenen der Briketts, und a und b den Heizwert beider Brennstoffsorten bedeuten. Hieraus ergibt sich, wenn f die Frachtkosten vorstellt,

$$A_1 = A + f,$$
$$B_1 = B + f.$$

Ist ferner, was ja erfahrungsgemäß annähernd zutrifft,

$$b = 2\,a$$

und

$$B = 3 \cdot 5\,A$$

und sind weiter die Preise den Heizwerten proportinal, so wird

$$2\,A_1 = B_1 = 3 \cdot 5\,A + f$$

und daher

$$f = 1 \cdot 5\,A\,.$$

Somit sind Braunkohlenbriketts auf weitere Entfernungen absetzbar als Rohbraunkohlen; doch bleibt für größere Entfernungen nur die elektrische Hochspannung konkurrenzfähig.

Schon mehrfach wurde auf die Wichtigkeit hingewiesen, die vorhandenen Wasserkräfte gut auszunützen, weil hierdurch an Kohle gespart wird, die wir entweder vom Auslande importieren oder aus unseren eigenen Vorräten schöpfen müssen, wodurch wir diese letzteren — die ohnedem recht klein sind — schonen können. Freilich ist es richtig, daß die Wasserkraftanlagen durch Wassermangel sowohl im Winter wie in trockenen Sommern in ihrer Leistungsfähigkeit beeinträchtigt werden können, so daß man dort, wo nicht durch Staubecken allein abgeholfen werden kann, zur Aushilfe Dampfkraft heranziehen muß.

Welche Ersparnisse an Kohlen hierbei erzielt werden können, läßt sich beispielsweise ganz gut an den Eisenbahnen erkennen. Eine Elektrisierung derselben bietet folgende Vorteile:

1. Bessere Ausnützung der Kraftwerte;
2. Entfall der Notwendigkeit, die Brennstoffe an die Verbrauchsstelle, ihre Rückstände aber wieder von dort wegzuschaffen;
3. Erzielung eines besseren technischen Wirkungsgrades als beim Dampfbetrieb;
4. stete Fahrtbereitschaft der elektrischen Lokomotiven.

In ersterer Beziehung ist der Betrieb elektrischer Straßenbahnen deshalb von geringerem Nutzen als jener der Vollbahnen, weil erstere meist nur bei Tag verkehren, so daß im Kraftwerke bei Nacht ein Energieüberschuß vorhanden ist. Allerdings fallen bei ersteren die beim Dampfbetrieb und nächtlichem Betriebsstillstand täglich nötigen Anheizungskosten weg.

Zum zweiten Punkte ist zu bemerken, daß die preußischen Staatsbahnen jährlich 12 Millionen Tonnen Kohlen verbrauchen, und daß zur Zufuhr derselben ungefähr 1000 Waggons mit 15 t Ladegewicht erforderlich sind, die nicht nur bedeutende Anschaffungs- und Erhaltungskosten verursachen, sondern auch die Gleise dauernd belasten. Sind nun überdies — wie gerade jene der preußischen Staatsbahnen — nur für gute Kohlen gebaute Lokomotiven vorhanden, und ist man doch gezwungen, minderwertige Kohlen zu verheizen, so treten natürlich Betriebsstörungen ein, und häufige Reparaturen der Lokomotiven werden nötig.

Die zur Station gebrachten Kohlen müssen abgeladen, gestapelt und zu den Tendern gebracht werden, und auch zum Anheizen, Reinigen und Abschlacken sind Arbeitskräfte erforderlich, die bedeutende Kosten verursachen.

Zur Aufstellung der mit Schlacken, Lösche und Asche beladenen Waggons ist ein eigenes Gleis, zur Aufstaplung der Kohlen ein Flächenraum von rund 1 Million Quadratmetern bei 2,5 m Stapelhöhe erforderlich. Auch das bedingt einen gewaltigen Geldaufwand, der sich bei elektrischem Betrieb wesentlich verringern würde.

Bezüglich des dritten Punktes möge darauf hingewiesen werden, daß von dem Jahresbedarf der preußischen Staatsbahnen von 12 Millionen Tonnen Kohle ein Viertel zum Anheizen, zum Vorspanndienst und zu sonstigen Behelfsarbeiten erforderlich sind.

In Ländern, die über reiche Wasserkräfte verfügen, wie Amerika, die Schweiz, Norditalien, Frankreich, Spanien, Skandinavien, Süddeutschland und Deutsch-Österreich, brachte man es durch Zusammenschluß von Kraftwerken, die sich im Bedarfsfalle, bei Betriebsstörungen gegenseitig aushelfen, und durch rationelle Ausnutzung der Natur- und Bodenschätze bei gleichzeitiger Elektrisierung der Vollbahnen zu guten wirtschaftlichen Erfolgen.

Daß die elektrische Energie auch für manche chemischen Prozesse mit Vorteil als Wärmequelle verwendet werden kann, wurde schon früher erwähnt, und es soll hier nur nochmals hervorgehoben werden, daß sich die Herstellung von Calciumcarbid, Carborundum, von Ferrosilicium und Aluminium sowie die Elektrostahl- und Elektroroheisenerzeugung in an Wasserkräften reichen Ländern immer mehr ausbreitet.

Im Martin-Ofen braucht man zur Stahlerzeugung im günstigsten Falle bei $^1/_4$ flüssigem und $^3/_4$ festem Einsatz und einem Einsatzgewichte bis 40 t für 1 t Stahl 200 kg Steinkohlen mit etwa 1 400 000 Cal, im Elektrostahlofen mit nur 3 t Einsatz, also (zufolge des relativ größeren Strahlungsverlustes) im ungünstigsten Falle, 700 kW-St, also nur 600 000 Cal, d. i. 42,88 Proz. Im gewöhnlichen Gebläsehochofen rechnet man für jede Tonne erzeugtes Roheisen 1 t Kohle mit etwa 7 000 000 Cal, während bei der Erzeugung von Elektroroheisen nur etwa $^1/_3$ t Koks zur Reduktion und 3000 kW-St = 2 580 000 Cal zum Heizen verbraucht werden[1]), wobei gleichzeitig im Elektroroheisenofen ein wegen seines minimalen Stickstoffgehaltes sehr heizkräftiges Gas gewonnen wird.

[1]) Das sind etwa 55 Proz. vom Heizwerte der im Hochofen nur zum Schmelzen von Roheisen und Schlacke erforderlichen Wärmemenge $= \frac{2}{3} \cdot 7\,000\,000 = 4\,670\,000$ Calorien.

Daß man aus dem Calciumcarbid das sehr heizkräftige Acetylen oder das wichtige Düngemittel Kalkstickstoff, ferner Aceton, Essigsäure und Spiritus gewinnen kann und letzteres seit dem Weltkriege in der Schweiz auch wirklich im großen gewinnt, wurde gleichfalls schon früher erwähnt.

Allerdings hängt die Rentabilität aller Verwendungsmöglichkeiten des elektrischen Stromes vom Strompreise ab, und es wird daher eine der wichtigsten wirtschaftlichen Aufgaben sein, diesen möglichst niedrig zu gestalten.

Die Ausnützung der Windkräfte ist wohl nur für den Kleinbetrieb möglich. Sie leidet einerseits an der geringen Durchschnittsgeschwindigkeit des Windes (in Deutschland 3 bis 4 m), anderseits aber an der Ungleichmäßigkeit desselben. In neuerer Zeit hat F. Hoffmann eine Windturbine gebaut, bei welcher nicht der natürliche Wind als Triebkraft dient, sondern die durch einen Luftstrom betätigt wird, der durch Ansaugen mittels eines durch eine Röhre fallenden Wasserstrahles gewonnen wird. So wäre man allerdings von den Schwankungen in der Windstärke unabhängig; aber freilich handelt es sich da auch nicht um die Ausnützung der Windenergie, sondern um jene des fallenden Wassers. Das Ergebnis der von dem Allgemeinen Deutschen Kraftwerk in Halle gebauten Turbine ist noch nicht bekannt.

Kommen wir nochmals auf die Ausnutzung der Brennmaterialien zurück, so erscheint die Gewinnung wertvoller Nebenprodukte vom volks- wie vom privatwirtschaftlichen Standpunkte aus besonders beachtenswert. Hierbei kommen namentlich der Teer und die aus demselben gewinnbaren Nebenprodukte in Frage, weil sie uns gestatten, wichtige Schmier- und Treibmittel usw. im Inlande zu beschaffen, statt sie aus dem Auslande beziehen zu müssen, was um so wichtiger ist, weil der Bedarf an diesen von Jahr zu Jahr größer wird. Zu diesem Zwecke kann außer der trockenen Destillation (bei Temperaturen über 500° C), die bei niedrigereren Temperaturen verlaufende Verschwelung (welche Tieftemperaturteer oder Urteer liefert), ferner in der Zukunft wahrscheinlich auch die Hydrierung (Bergius-Verfahren) sowie die restlose Vergasung (Doppel- und Trigas) besonders in Betracht kommen.

Über die vielerlei wichtigen Nebenprodukte, welche die Verkokung der Steinkohlen liefert, gibt der bekannte Stammbaum der Kohlendestillation (Fig. 22) einen guten Überblick.

Außer dem Teer bildet auch das Ammoniak ein für die Landwirtschaft wichtiges, bei der Brennstoffverwertung auftretendes Nebenprodukt.

Gerade die Land- und Forstwirtschaft, welche die Energien der Sonnenstrahlung aufspeichert, also uns fremde, nicht von der Erde stammende Energiemengen zuführt, hat neben der Verwertung der Brennstoffe und der Wasserkräfte eine ganz hervorragende Bedeutung, weil sie unsere Lebensmittel liefert. Sie verdient daher sowohl vom volks- wie vom privatwirtschaftlichen Standpunkte besondere Förderung, zu welchem Zwecke für Düngemittel, Bewässerungsmöglichkeit, Schutz gegen Elementarereignisse und für landwirtschaftliche Schulen bzw. Wandervorträge vorzusorgen ist.

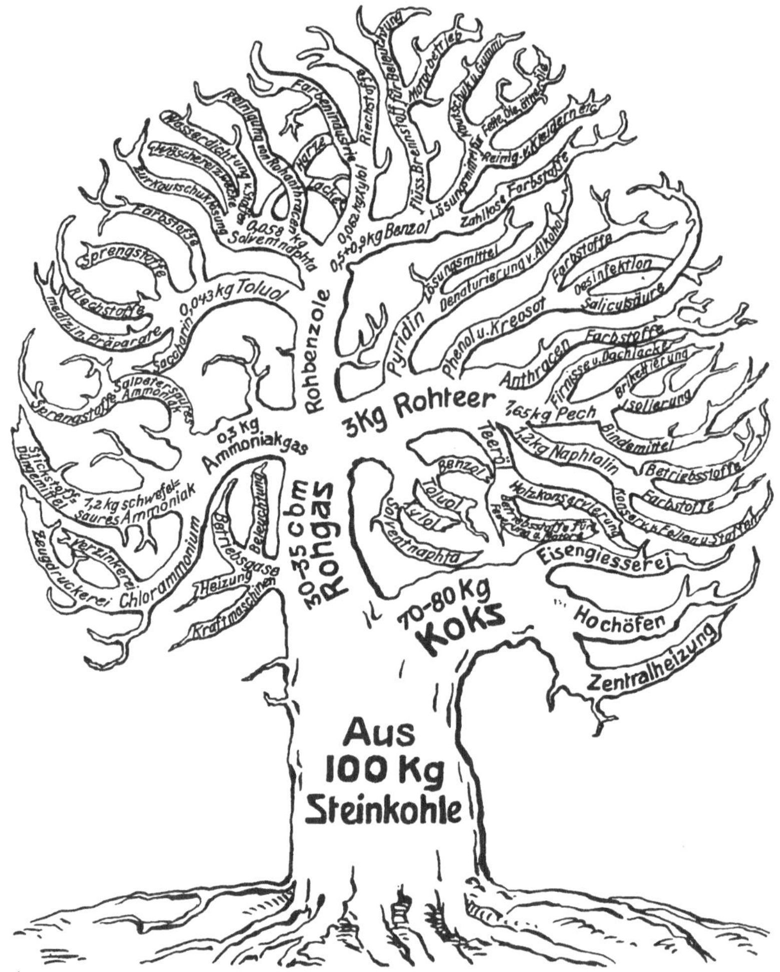

Fig. 22. Stammbaum der Kohlendestillation.
(Aus *H. R. Trenkler:* „Die Chemie der Brennstoffe“, Monographien zur Feuerungstechnik, H. 1, S. 13, Fig. 2.)

Die Düngemittel haben teils den Zweck, dem Boden wichtige mineralische Stoffe (wie Kalisalze und Phosphorsäure), die ihm durch die Pflanzen entzogen werden, wieder zuzuführen, teils aber den für den Pflanzenwuchs unentbehrlichen Stickstoff in assimilierbarer Form zu liefern.

Welch wichtige Rolle hierbei gerade diese letztere Gruppe von Düngemitteln (die Stickstoffdünger) spielen, lassen folgende Vergleichszahlen über die landwirtschaftlichen Ergebnisse Deutschlands in den Jahren 1913 und 1918 deutlich erkennen:

		Weizen	Roggen	Kartoffeln
Ernteerträgnis in Millionen t . .	1913	4400	12 100	53 800
	1918	2400	8 000	29 500
Abnahme in Proz.	1918	45	34	44
Anbaufläche in Millionen ha . .	1913	1800	6 300	3 300
	1918	1400	5 700	2 700
Abnahme in Proz.	1918	22	9	18

Somit entfallen auf 1 Million Hektar Anbaufläche an Produktion in Millionen t:

	1913	1918	Abnahme in Proz.
Weizen.	2,44	1,71	29,92
Roggen	1,92	1,40	27,09
Kartoffeln . . .	16,00	10,93	31,69

Die Hauptursache dieser schlechten Ernten ist im Mangel an Stickstoffdünger zu suchen, der durch den Weltkrieg hervorgerufen worden war, da im Lande nur sehr geringe Vorräte von Chilisalpeter vorhanden waren.

Im Jahre 1912 wurden in Deutschland an Stickstoffdüngemitteln verbraucht:

Chilisalpeter rund	785 000 t mit	118 000 t Stickstoff,
Ammonsulfat	460 000 t „	92 000 t „
also zusammen		210 000 t Stickstoff.

Als daher im Weltkriege der Bezug von Chilisalpeter aufhörte, fehlten Deutschland 118 000 t Stickstoff oder 56,19 Proz. des im erforderlichen Stickstoffdünger enthaltenen Stickstoffes.

Da man nun auch hier trachten muß, sich vom Auslande möglichst unabhängig zu machen, werden wir bestrebt sein müssen, unseren Bedarf im Inlande zu decken, wozu das beim Schwelen, bei der trockenen Destillation und bei der Vergasung gewonnenene Ammoniak, sowie die Nutzbarmachung des Luftstickstoffes in Form von Kalksalpeter, Kalkstickstoff sowie die Ammoniaksynthese nach *Haber* in Frage kommen.

Vor einigen Jahren hat man in Deutschland auch recht erfolgreiche Versuche gemacht, die kohlensäurereichen Abgase von Kalköfen, Hochöfen usw. zur Kohlensäuredüngung zu verwerten. Es gelang so, das Wachstum der Pflanzen bedeutend zu steigern[1]).

---

[1]) Siehe auch *Bornemann*, „Kohlensäure und Pflanzenwachstum“, Berlin 1920, und *Reinau*, „Kohlensäure und Pflanzen“, Halle 1920.

X. Staatliche und politische Energiewirtschaft.

Sparsame Ausnutzung der Energiequellen, Import und Export von Energie, Waren und Menschen; Kolonien; Familienleben, Erziehung, Schulen, Gesetze und Gesetzgebung, Stärkung der landwirtschaftlichen und sonstigen Produktion, Mangel an Kräften für produktive Berufe, Vergrößerung der Anbaufläche, Bauernlegung; Roh- und Urprodukte, Weiterverarbeitung, Klein- und Großbetriebe, Kartelle, Truste, Staatssozialismus und Staatssyndikate, Handel und Verkehr, Groß- und Kleinhandel, Warenhäuser, Außenhandel, Verkehrswesen, Staatsverwaltung; Staatsform, Parteiwesen, Notwendigkeit einer Opposition.

Die Energievorräte eines jeden Staates sind begrenzt. Er verfügt nur über einen ganz bestimmten, in den meisten Fällen nicht allzu großen Vorrat an fossilen Brennstoffen, der also in mehr oder weniger kurzer Zeit erschöpft sein wird. Holz wächst wohl nach, doch ist auch die Menge der jährlich schlagbaren Bäume eine begrenzte.

Weiter stehen ihm an Energiequellen besonders noch zur Verfügung: die Wasserkräfte, an manchen Orten (leider nicht bei uns) die Erdwärme, ferner die Sonnenenergie, die hauptsächlich für die land- und forstwirtschaftliche Produktion, aber auch als Schöpferin unserer Wasserkräfte von Bedeutung ist, und schließlich die belebten Energieträger, namentlich seine menschlichen Bewohner. Alle übrigen sonst vorhandenen Energiequellen haben heute noch keine besondere wirtschaftliche Bedeutung.

Jeder Staat muß nun bestrebt sein, nicht nur seine eigenen Energievorräte zu schonen[1]), sondern auch seine Bedürfnisse möglichst im Inlande zu decken, also tunlichst wenig zu importieren, dagegen recht viel, und zwar sowohl gut als billig zu produzieren, um sich durch den Export die Mittel zu beschaffen, wirklich unentbehrliche Dinge aus dem Auslande beziehen zu können, ohne seine Valuta zu gefährden.

Das eben Gesagte gilt in gleicher Weise für die belebten Energieträger. Der Import fremder Volksangehöriger ist als schädlich zu vermeiden, wie sich in Amerika beim Import von chinesischen und japanischen Arbeitskräften, bei uns aber an der sog. Flüchtlingsinvasion deutlich gezeigt hat. Hingegen ist ein Export von Arbeitskräften, und zwar sowohl von manuell wie von geistig tätigen, nicht zu vermeiden, wenn die Bevölkerungszahl im Verhältnis zur Bodenfläche und zur eigenen Lebensmittelproduktion zu groß wird. In solchen Fällen muß man entweder — was vorzuziehen wäre —

---

[1]) Siehe auch *Svante Arrhenius*, „Die Chemie und das moderne Leben", der im Schlußkapitel sehr interessante Bemerkungen über das Sparen überhaupt und bei den vorhandenen Energiequellen im besonderen aufstellt und mit dem englischen „Gebot des Chemikers" schließt: „Thou shall not waste".

Kolonien besitzen, in welchen dieser Menschenüberschuß untergebracht werden kann, oder dieser Überschuß muß auswandern. Aber es gibt auch noch eine andere Art des Exportes von Arbeitskräften, die weit sympatischer ist als die Auswanderung und namentlich von den Italienern mit Vorteil geübt wird: die Arbeiter gehen über den Sommer ins Ausland, verdienen dort, kehren jedoch im Winter wieder heim und bringen ihre Ersparnisse nach Hause. Wenn die Leute sparsam sind, wie gerade die Italiener, so ist die auf solche Weise erzielte Zunahme des Volksvermögens gar nicht so unbedeutend. Allerdings bringt auch diese Art des Gelderwerbes ihre Gefahren mit sich, die einerseits in der mangelnden Häuslichkeit, andererseits aber darin liegen, daß die heimkehrenden Arbeitskräfte nicht nur Geld, sondern auch mancherlei Untugenden und Fehler in die Heimat mitbringen können.

Der Mangel an Häuslichkeit ist eine große Gefahr für jeden Staat und jedes Volk, denn die Familie ist die Grundlage, auf welcher das wahre Wohl und die Zufriedenheit, ja die Existenz eines Volkes beruht. Wo der Familiensinn schwindet, dort erkranken die Völker und gehen schließlich zugrunde, wie die Geschichte des Römerreiches und des alten Römervolkes warnend lehrt!

Darum ist es eine wichtige Aufgabe des Staates, den Familiensinn und den Familiengeist zu stärken und jede Schädigung desselben tunlichst hintanzuhalten. Ein gutes Familienleben ist auch die beste Gewähr für eine gute Kindererziehung; denn wo die häusliche Erziehung fehlt, kann auch die Schule nicht viel leisten.

Aufgabe der Schule ist es, die Kinder an Tätigkeit zu gewöhnen, ihnen Arbeitslust beizubringen und die häusliche Erziehung von ihrer Seite aus zu fördern und zu unterstützen, aber auch ihre Kenntnisse zu erweitern und sie zu charaktervollen, moralisch gefestigten und gesitteten Menschen heranzubilden.

Die Schulen sollen sich vor einem „Intelligenzschwindel" hüten. Sie sollen — schon in den Volksschulen — ein Zuvielerlei von Gegenständen vermeiden; was sie aber lehren, sollen sie gründlich lehren, und das Wichtigste nicht außer acht lassen. Am Lande soll die Bevölkerung in erster Linie für die Landwirtschaft erzogen werden.

Die Zahl der Mittelschulen ist in den letzten Jahrzehnten beständig gestiegen, während ihre Erfolge sanken. Eine Folge der wachsenden Zahl von Mittelschulen ist der übergroße Zudrang zum Hochschulstudium[1]), eine Überproduktion von akademisch Gebildeten und die Schaffung eines studierten Proletariates. Andererseits hat dies im Staatsdienste wieder zur steten Schaffung neuer Stellen geführt, um diesen Überschuß unterbringen zu können. So kam es, daß man beispielsweise sogar beim Streckendienst der Eisenbahnen Juristen anstellte.

Während so ein Überschuß an Intelligenz geschaffen wurde, leidet andererseits die Landwirtschaft und selbst die Industrie — wenigstens solange die wirtschaftlichen Verhältnisse gute sind — Mangel an Arbeitskräften.

[1]) Er ist allerdings gegenwärtig wieder im Abflauen, was auf die geringen Aussichten für die Absolventen, geeignete Stellungen zu finden, zurückzuführen ist.

Da hilft nur eine zweckmäßige Organisation des Unterrichtes und an den mittleren, ganz besonders aber an den höheren Lehranstalten eine entsprechende Beschränkung der Hörerzahl mit gewissenhafter Siebung der Aufnahmewerber, wie dies in Frankreich längst geschieht.

Darüber hinaus hat aber der Staat noch eine andere wichtige Erziehungsaufgabe: die Bevölkerung zur Ordnung und Achtung vor Gesetzen und Vorschriften, aber auch zur Sparsamkeit zu erziehen. In ersterer Beziehung sollen Gesetze und Verordnungen vor allem so stilisiert sein, daß ihre Einhaltung auch möglich ist, denn dies ist — wie leider gar nicht selten — häufig nicht der Fall, und so untergräbt man die Achtung der Bevölkerung vor den Gesetzen durch diese selbst am meisten.

Es soll sogar vorgekommen sein, daß man Gesetze absichtlich unklar verfaßte, um sie im Bedarfsfalle verschieden auslegen zu können. So erzählt eine Anekdote, daß vor vielen Jahrzehnten ein höherer Ministerialbeamter den Auftrag erhielt, einen Gesetzentwurf auszuarbeiten. Nach dreimonatlicher, mühevoller Arbeit legte er den Entwurf dem Minister vor, der ihm denselben jedoch wieder zur Umarbeitung zurückgab, weil er viel zu klar sei. Als er nach weiteren drei Monaten mit einem neuen Entwurf wieder zum Minister kam, meinte letzterer, jetzt sei er schon besser, müßte aber doch nochmals überarbeitet werden, weil er noch immer zu bestimmt sei!

Die Gesetzgebung aller Länder des europäischen Festlandes ist allmählich zu den Bedürfnissen der heutigen Kultur, namentlich zu jenen der Technik, in einen Widerspruch geraten, der einzig und allein daraus entspringt, daß sich der Eigentums- und Wertbegriff des alten römischen Rechts mit den modernen Anschauungen nicht mehr deckt. So kennt das römische Recht z. B. kein geistiges Eigentum, während dieser Begriff in der Volksseele längst fest eingewurzelt ist.

Um den heutigen Bedürfnissen einigermaßen gerecht zu werden, hat man den künstlichen Begriff des Urheberrechtes geschaffen. Ähnliche Schwierigkeiten bieten die Fragen des Luft- und Wasserrechts, die Gesetzgebung über Elektrizität und manche andere.

Da nur die Arbeit Werte schafft, muß nicht nur die Arbeit selbst, sondern überhaupt alles, was Arbeit leisten kann, also auch die Energie, einen Arbeitswert besitzen. Die Kohle z. B. hat einen Wert als Träger der darin aufgespeicherten Energie, die wir bei ihrer Verbrennung als Wärme nutzbar machen. Ebenso hat aber auch jede andere Energie, z. B. die elektrische, die ja Arbeit zu leisten vermag, aber auch ein Gedanke, eine Erfindung, die ja nicht nur selbst das Produkt geistiger Arbeit sind, sondern auch technische Arbeit auslösen, einen gewissen Arbeitswert.

Wir kommen so zu einer Rechtsanschauung, die alle Spezialgesetze für elektrische Energie, Wasserkräfte, Druckluft, flüssige Luft, Leuchtgas usw. überflüssig macht. Wir entweichen aber auch auf diese Weise aus dem Bannkreise der künstlichen, veralteten Rechtsformen, die gar oft zu unserer heutigen Kultur in schroffem Widerspruche stehen, und gelangen zu einfachen und natürlichen Rechtsformen, die beliebig entwicklungsfähig sind und daher allen gegenwärtigen und künftigen Bedürfnissen entsprechen.

Auch die Erziehung zur Sparsamkeit ist nötig, denn bei einreißender Verschwendungs- und Unterhaltungssucht geht nicht nur die Moral in Brüche, sondern leidet auch das Glück und die Zufriedenheit der einzelnen ebenso wie das Gesamtwohl des Volkes und Staates.

Gerade in dieser Beziehung bildet der Fremdenverkehr, so sehr er auch als Einnahmequelle erwünscht ist, eine ernste Gefahr. Nicht nur in den Städten, sondern ganz besonders auf dem Lande wirkt der Luxus und die Prasserei vieler zugereisten Fremden als böses Beispiel verführend auf die einheimische Bevölkerung ein, und *Petri Kettenfeier Rosegger* hat deshalb schon vor Jahrzehnten in seinen Schriften mehrfach an die Städter die Bitte gerichtet, sie mögen, wenn sie aufs Land kommen, um sich zu erholen, die Landbevölkerung nicht ruinieren[1]).

Zur Pflege der menschlichen (aber auch tierischen) Energieträger gehört auch die Körperpflege, für welche der Staat bzw. die Gemeinden durch Errichtung und Erhaltung von Krankenanstalten, Fürsorge für die Ausbildung von Ärzten und Krankenpflegern, Errichtung und Erhaltung von Versorgungsanstalten und Krankenkassen usw. Vorsorge treffen muß. Hierher gehört auch der Sport, der — wenn vernünftig getrieben — gewiß ein vorzügliches Mittel zur Kräftigung der Bevölkerung ist; aber auch hier kann — wie überhaupt überall — ein Zuviel schädlich wirken! Der Sport darf nicht zu viel Zeit in Anspruch nehmen, und — was ja nicht so selten vorkommt, da er nicht nur Körperübung, sondern auch Vergnügen ist — er kann auch sehr zum Schaden der Gesamtbevölkerung die Arbeitslust und damit den Volkswohlstand herabdrücken.

Vor den Gesetzen müssen, wie schon früher erwähnt, alle Staatsbürger gleich sein, und untereinander soll sich die Bevölkerung gegenseitig als Menschen achten. Weiterhin aber hat die Gleichheit ein Ende, weil Eigenschaften und Charakter der verschiedenen Menschen schon von Natur aus nicht gleich sind und auch nicht gleich sein können.

Der Staat soll auch dafür sorgen, daß seine Bevölkerung hinreichend zu leben hat, daß sie nicht Mangel an Nahrung leidet, und daß die Warenpreise nicht zu hoch steigen. Zu diesem Zwecke muß die Produktion möglichst gesteigert werden; der Staat muß gegen Preistreibereien kräftig einschreiten, aber auch selbst vermeiden, durch zu hohe Steuern, Zölle, Frachttarife usw. die Preise unnötig zu erhöhen.

Um die Produktion zu steigern, aber auch um Arbeitslosigkeit zu vermeiden, wäre es vor allem nötig, jeden einzelnen auf den richtigen Platz zu stellen. Das ist freilich in Wirklichkeit schwer möglich, weil es sich keines-

[1]) *P. K. Rosegger*, „Hin zur Scholle", 1915, und „Heimgarten".

falls zwangsweise durchführen läßt und man auch die freien Berufe nicht unterbinden kann. Der Bauer leidet schwer unter der „Landflucht", d. i. dem Streben, vom Lande in die Stadt zu kommen[1]); der Zudrang zum Staatsdienste hat seinerzeit großen Schaden angerichtet, und der Zwischenhandel — der ja an und für sich auch notwendig und nützlich ist — soll nicht zu sehr überhandnehmen, eine Erscheinung, die seit dem Weltkriege sehr unangemehm fühlbar wurde, und woran in erster Linie der Zustrom von Kriegsflüchtlingen, aber auch der Massenabbau von Beamten die Schuld trägt.

Dieser Abbau ist überhaupt eine Frage für sich. Daß er, und zwar sogar dringend, notwendig war, kann nicht geleugnet werden; aber was hat der Staat davon, wenn er seine Beamten zu Tausenden abbaut, für dieselben jedoch wieder neue anstellen muß? Er hat dann außer den Gehältern für den allerdings verminderten Beamtenstand auch noch die Pensionen für die vielen Abgebauten zu zahlen, und viele der pensionierten, aber auch der mit Abfertigungen ausgetretenen Beamten haben es natürlich versucht, sich auf den Zwischenhandel zu werfen. Da die meisten von ihnen nicht die erforderlichen Sachkenntnisse und auch nicht genügende Barmittel besitzen, gehen sie bald wieder zugrunde, tragen aber doch wesentlich zu einer allgemeinen Preissteigerung bei. Man hätte eben nur langsam, und zwar nur so weit abbauen sollen, als man die Abgebauten in produktiven Berufen hätte unterbringen können, und zwar in erster Linie solche, die nicht mehr dienstfähig waren. Freilich sind derartige an und für sich richtige Grundsätze weit leichter aufzustellen als zu befolgen; denn wie damals die Verhältnisse lagen, befanden sich die Staaten in größter Not, wie ein Schiff, das im heftigen Sturm knapp vor dem Versinken steht.

Wie schon *Freiherr von Offermann* am Ende der ersten Jahrzehnte unseres Jahrhunderts sagte, kamen damals in Österreich auf einen aktiven oder pensionierten Staatsangestellten je acht erwerbsfähige männliche Einwohner, ja — wenn man die Armee und die autonomen Körperschaften hinzurechnet — gar nur vier. Bedenkt man, daß zu jedem dieser Angestellten sowohl als der produktiv tätigen männlichen Einwohner mindestens noch ein bis zwei Familienangehörige zu rechnen sind, so kommen auf je vier erwerbstätige männliche Einwohner zehn bis fünfzehn Personen, für welche erstere die Lebensbedingungen schaffen müssen. Das war schon vor dem Weltkriege; seither haben sich aber die Verhältnisse dadurch noch ungünstiger gestaltet, daß die Einwohnerzahl von Deutsch-Österreich gegenüber der alten Monarchie sehr stark gesunken ist, während allerdings einerseits der Stand der Armee gleichfalls, und zwar ganz unverhältnismäßig kleiner wurde, andererseits aber die Zahl der Arbeitslosen bedeutend wuchs. Da die Zentralbehörden des alten Österreich in Wien ihren Sitz hatten, war auch die Zahl der im Gebiete des heutigen Deutsch-Österreich beschäftigten Beamten naturgemäß eine sehr große, wozu noch zahlreiche deutsche Beamte kamen, die zwar in den jetzigen Nachfolgestaaten beschäftigt waren, aber nach Deutsch-Österreich kooptierten. Ein Abbau war daher unbedingt notwendig; aber man

[1]) *P. K. Rosegger*, l. c.

hätte in der Lage sein sollen, ihn viel langsamer und in der früher angeführten Weise durchzuführen, daß man nur den Überschuß, und zwar die Ältesten abgebaut, alle Neuanstellungen aber so lange vermieden hätte, bis das richtige Verhältnis zwischen der Zahl der Staatsangestellten und der Einwohner erreicht worden wäre. Das verhinderte aber einerseits die Not des Staates, andererseits auch der äußere Zwang, unter welchem wir standen.

Sehr schädlich war im Hinblick auf die große Zahl der nicht eigentlich produktiv tätigen Staatsbürger die stets wachsende Zahl der Mittelschulen, wobei — wie am Mittelschullehrertag 1910 konstatiert wurde — die Studienerfolge immer geringer wurden. Dazu kommt noch, daß die Mehrzahl der Absolventen der Mittelschulen — statt sich sofort praktischen Berufen zuzuwenden, wie in Deutschland — zum Hochschulstudium greift, ohne zu bedenken, daß (besonders unter den gegenwärtigen wirtschaftlichen Verhältnissen) für sie keine Aussicht besteht, entsprechende Anstellungen zu finden.

In gleicher Richtung wirkt das stets wachsende Frauenstudium. Da die Entlohnung der Frauen meist kleiner ist als jene der Männer, werden den letzteren hierdurch Anstellungsmöglichkeiten entzogen, während gleichzeitig viele Frauen für ihren natürlichen Beruf, die Ehe und die Hauswirtschaft, verlorengehen[1]).

Man kann nun, und zwar mit Recht, auf die große Zahl der Beschäftigungslosen hinweisen, die in erster Linie durch die schlechten wirtschaftlichen Verhältnisse bedingt ist, aber gewiß zum Teil auch daher rührt, daß sich alles zu den sogenannten besseren Stellungen drängt und die mehr

[1]) Über den Ersatz der Männerarbeit durch Frauenarbeit, der während des Weltkrieges eine dringende Notwendigkeit war, brachte die Wiener Tageszeitung „Neue freie Presse" im Jahre 1916 folgende beiden Eingesendet:

„Es möge einer Wienerin, der ihr teures Vaterland über alles geht, gestattet sein, einige Worte an unsere wackeren Frauen zu richten ... Es gibt noch Tausende von Mädchen und Frauen in häuslichen Stellungen, die eine gleiche Zahl von Männern ersetzen können, die ... ihr Heiligstes, das Vaterland, verteidigen werden ... Die Frauen werden nach dem Kriege gern wieder zu ihrem alten Beruf und in die Häuslichkeit zurückkehren.

Noch eine Bitte möcht' ich wagen,
Möchte der Jugend gerne sagen:
Brauchet zuviel Seife nicht,
Weil es uns daran gebricht.
Weiße Kleider — ohne Fragen —
Sind gesund und schön zu tragen;
Aber Seif' und Zigaretten
Sind im Felde sehr vonnöten.
Da sie dorten beides brauchen,
Sollen Damen — nicht viel rauchen.

Eine, die auf Nachahmerinnen hofft."

„... Auch werden wohl alle Frauen und Mädchen die in Kriegszeiten innegehabten Stellen um so lieber den heimkehrenden Helden wieder überlassen, als sie ihnen für die Beschützung des Vaterlandes und des heimischen Herdes zu großem Dank verpflichtet sind. Ein Wiener."

manuellen Beschäftigungen flieht. So leidet, wie schon erwähnt, die Landwirtschaft Mangel an landwirtschaftlichen Arbeitern, und die Erfahrungen mit der Arbeitslosenunterstützung haben gelehrt, daß viele Arbeitslose für manche Arten der Beschäftigung nicht zu haben sind. In der Kriegs- und ersten Nachkriegszeit haben manche ihre Arbeitslosenunterstützungen nur als Betriebskapital für Warenschieberei verwendet und so viel dazu beigetragen, die Lebensmittelpreise zu verteuern.

Diese Flucht vor manchen Arbeiten stellt aber auch für die Arbeiter selbst eine ernste Gefahr dar. Auch die weniger angenehmen Arbeiten müssen verrichtet werden, und wenn man im Inlande die hierfür erforderlichen Kräfte nicht findet, so wird man sie aus dem Auslande beziehen müssen und evtl. chinesische Kulis engagieren. Nun sind diese ausländischen Arbeitskräfte ja auch Menschen und verdienen gewiß für ihre Leistungen eine Entlohnung, ebenso wie unsere Landsleute; aber ein jedes Volk und jeder Staat muß in erster Linie für seine eigenen Leute sorgen und den Import ausländischer Arbeitskräfte zum mindesten nicht begünstigen. Überdies steigert ein solcher Arbeiterimport den Bedarf an Lebensmitteln und führt — wenigstens in solchen Ländern, die ohnedem Lebensmittel vom Auslande beziehen müssen — zu einer Preissteigerung derselben.

In bezug auf die landwirtschaftliche Produktion ist eine Vergrößerung der Anbaufläche anzustreben. Es ist dies um so wichtiger, als wir auf diese Weise die unter den gegenwärtigen Verhältnissen begreifliche Auswanderung beschränken und in eine Kolonisation des gewonnenen Baulandes umwandeln können.

Die Vergrößerung der für landwirtschaftliche Zwecke benutzbaren Baufläche hat allerdings in einem Lande mit hohen und oft felsigen Bergen, wie es beispielsweise Deutsch-Österreich ist, seine Schwierigkeiten, die sowohl in der großen Ausdehnung des felsigen und unfruchtbaren Terrains als auch in der Notwendigkeit zu suchen sind, zum Schutze gegen Lawinen, Bergrutsche und Vermurungen, aber auch zur Vermeidung von Kahllegungen und ihren bösen Folgen, bedeutende Waldbestände zu erhalten. Auf jeden Fall muß da in erster Linie für einen ausgiebigen Schutz der Äcker und Wiesenflächen gegen Vermurungen und Wildwasserschäden gesorgt werden. Eine Austrocknung von Sümpfen und Seen wäre schon leichter durchzuführen, obwohl die so gewonnene Bodenfläche nicht allzu groß sein wird. So beträgt die von Seen bedeckte Bodenfläche des Salzkammergutes — des seenreichsten Teiles Deutsch-Österreichs — nur 40 000 ha, die vom Neusiedler See bedeckte Fläche aber 33 000 ha (330 qkm).

Zu trockene Landstriche wird man, wie in Amerika, künstlich bewässern, doch ist hierbei Vorsicht nötig. In manchen Gegenden ist die Erde[1]) mit Ausnahme der oberen Schichten mit — meist alkalischen — Salzen durchsetzt, die sich im zugeführten Wasser lösen, so in die obersten Erdschichten gelangen und die Gewächse schädigen. In Australien und Amerika hat man da recht

[1]) *Svante Archenius* l. c.

traurige Erfahrungen gemacht. So war beispielsweise das Yakimatal in Washington zufolge mangelnder Niederschläge früher eine Wüste. Man wollte es durch Irrigation in fruchtbares Land umwandeln, hat es aber durch allzu kräftige Bewässerung völlig verdorben.

Im entgegengesetzten Sinne kann man Sumpfland durch Drainage in Acker- oder Waldboden umwandeln. In Holland hat man das Haarlemer Moor, das tiefer liegt als der Meeresspiegel, trocken gelegt und erhält es durch ununterbrochenes Pumpen trocken. Man gewann so 183 qkm fruchtbaren Boden. In gleicher Weise beabsichtigt man ehemals fruchtbare Landstrecken, die zwischen 1219 und 1287 durch einen Meereseinbruch verwüstet wurden und heute um den Zuidersee und den Dollart liegen, wiederzugewinnen. Aber auch da ist Vorsicht nötig, denn es ist schon öfter vorgekommen, daß man so einen für den Ackerbau völlig unbrauchbaren Boden freilegte. Prof. *Th. Homen* in Helsingfors hat auf solche mit der Trockenlegung verbundene Gefahren sehr eindringlich hingewiesen.

Sehr bedenklich ist die sog. Bauernlegung, d. i. der Aufkauf von Bauerngütern durch nichtbäuerliche Personen. So wurden in Steiermark von 1903 bis 1912, also in neun Jahren, 3252 Bauerngüter (3,1 Proz. aller Bauernwirtschaften Steiermarks) mit 55,109 ha land- und forstwirtschaftlichen Gründen verkauft. In den Bezirken Liezen und Rottenmann sind von 1873 bis 1913, also in vierzig Jahren, ungefähr 300 ehemalige selbständige Bauerngüter verschwunden. Von einer Bezirksbodenfläche von 80 000 ha gingen nicht weniger als 17 000 ha (21,1 Proz.) aus dem bäuerlichen in den Großgrundbesitz über. Ein einziger Jagdherr brachte seinen Jagdbesitz in den Jahren 1895 bis 1913 (also in nur achtzehn Jahren) von 1638 ha auf 8774 ha. In den Gerichtsbezirken Aspang, Guttenstein und Gaming fielen zwischen 1883 und 1905 (also in zweiundzwanzig Jahren) 216 Bauerngüter mit 16,913 ha der Bauernlegung zum Opfer. In Salzburg wurden zwischen 1869 und 1888 (in neunzehn Jahren) für Jagdzwecke 39 200 ha verkauft[1]).

Die Fläche der Hutweiden und Alpen ist in Niederösterreich zwischen 1873 und 1903 (also in dreißig Jahren) von 146 712 ha auf 69 626 ha, also um 77 086 ha oder um 52,12 Proz. (d. i. 1,31 Proz. pro Jahr), zurückgegangen, während die Bevölkerungszahl zwischen 1874 und 1910 (also in sechsunddreißig Jahren) von 99 auf 1 qkm auf 178 (also um 1,93 Proz. im Jahre) wuchs. Die gleichzeitige Zunahme des Nutzviehes betrug durchschnittlich im Jahr:

Rinder	0,77 Proz.
Schweine	1,12 ,,
Pferde	0,96 ,,
Ziegen	3,24 ,,

Die Zahl der Schafe nahm hingegen um 3,18 Proz. im Jahre ab.

Die größte Gefahr für den Bauernstand und daher auch für die Nahrungsmittelproduktion bildet jedoch das freie, unbeschränkte Erbteilungs-

[1]) Dr. *Karl Uitz,* Z. f. Volkswirtschaft, Sozialpolitik und Verwaltung, 1915.

recht. Bei Erbgängen ist selten genügend Bargeld zur Auszahlung der Miterben vorhanden, so daß Überschuldung und Zerstückelung des Gutes die gewöhnlichen Folgen sind.

Diesem Übel sucht man — freilich ohne die eigentliche Ursache zu treffen — durch Zusammenlegung und zweckmäßige Neueinteilung der Gründe zu begegnen, und hat so auch wirklich recht schöne Erfolge erzielt. In der Gemeinde Großgotten in Thüringen wurden z. B. durch Zusammenlegung von 1500 ha Gemenglage-Äckern nicht weniger als 100 ha (6,67 Proz.) Raingrund in Ackerland umgewandelt.

Hier müssen auch die Schrebergärten erwähnt werden, die ja nach des Tages Last und Mühen gewiß manchem eine angenehme Erholung im Freien ermöglichen, bei denen jedoch etwa 10 bis 20 Proz. der Grundfläche für Wege und Lusthäuser dienen, also der landwirtschaftlichen Produktion abgehen.

In Deutsch-Österreich wurden, wie schon früher[1]) erwähnt, in den letzten Jahren ganz bedeutende Steigerungen der landwirtschaftlichen Produktion erzielt. So zeigte die Produktion des Jahres 1925:

an Roggen	einen Überschuß	von	....	19,6 Proz.
„ Kartoffeln	„	„	....	52,0 „
„ Hafer	„	„	....	8,8 „

gegen den inländischen Bedarf, während allerdings die Erzeugung von Gerste, Mais, Weizen und Zucker den Eigenbedarf noch nicht deckte. Immerhin konnte Roggen und Hafer exportiert und der Kartoffelüberschuß den landwirtschaftlichen Spiritusbrennereien zugeführt werden.

Auch wurde ein Programm ausgearbeitet[2]), nach welchem, das Vorhandensein ausländischer Kredite vorausgesetzt, in nur fünf Jahren der Gesamtbedarf Österreichs an Gerste, Weizen und Futtermitteln gedeckt werden könnte. Die 200000 ha Sümpfe, 200000 ha gerodeten Wälder und 100000 ha Ödland, also zusammen 500 000 ha unkultivierter Boden, tragen nur zum geringsten Teile saures Gras. Hiervon können in den nächsten 5 Jahren 140 000 bis 200 000 ha melioriert und kultiviert werden, was für jeden Hektar einen Kostenaufwand von 1000 bis 1200 Schilling erfordern würde. Da man zur Kultivierung eines Hektars etwa 50 Arbeitsschichten benötigt, würden auf diese Weise viele Arbeitslose Beschäftigung finden. Die Gesamtkosten der Kultivierung von 140000 ha würden sich daher auf etwa 160 bis 170 Millionen Schilling oder 25 Millionen Dollar stellen.

Von den gegenwärtig in Deutsch-Österreich bebauten rund 2 000 000 ha muß etwa die Hälfte durch Kunstdünger und erstklassiges Saatgut melioriert werden, was etwa 300 Schilling pro Hektar kosten würde. Wird in jedem der ersten 3 Jahre nur ein Drittel dieses verbesserungsbedürftigen Bodens melioriert, so würde dies einen Jahreskredit von 90 Millionen Schilling, also im ganzen 270 Millionen Schilling ausmachen, der sich wahrscheinlich dadurch

[1]) S. 92, 93.

[2]) Neue freie Presse, 21. Januar 1926.

noch verringern würde, daß die Landwirte, wenn sie die Erfolge des ersten Jahres sehen, wohl selbst ihre Meliorierungskosten tragen werden.

Von dem etwa 1 000 000 ha umfassenden österreichischen Wiesengrund, der für die Verbesserung der Viehzucht höchst wichtig ist, wird ungefähr die Hälfte der Verbesserung bedürfen, was auch wieder rund 300 Schilling pro Hektar kosten dürfte, so daß der vollkommene Ausbau der Kunstwiesen höchstens 150 000 000 Schilling erfordern würde. Dazu ist allerdings zu bemerken, daß die aus Sümpfen oder Ödland gewonnenen Kunstwiesen im ersten Jahre nur einen kleinen, im zweiten Jahre einen mittleren, im dritten Jahre aber schon den vollen Ertrag liefern, so daß die Meliorationskosten schon im fünften Jahre gedeckt sind.

Für Deutschösterreich ist auch die vollständige Ausgestaltung der Milch- und Käsewirtschaft von Wichtigkeit (wobei die Abfallprodukte für die Schweinezucht nutzbare Verwendung finden können), was einen Kostenaufwand von etwa 10 Millionen Schilling erfordern würde. Auch für die Viehzucht wäre durch Beschaffung von Zuchtstieren und Verbesserung der Stallungen Vorsorge zu treffen. Dessen ungeachtet dürfte es — wie in dem erwähnten Projekte hervorgehoben wird — kaum möglich sein, den Viehbedarf Österreichs im Inlande zu decken, da Wien allein jährlich rund 190 000 Stück Mastvieh benötigt.

Freilich braucht es zur Hebung der landwirtschaftlichen Produktion[1]) „nicht bloß einer Einwirkung auf die Dinge, sondern auch auf die Menschen. Die Erziehung soll durch fachliche Schulung, durch das Beispiel, womöglich auch durch Ansiedlung vorgeschrittener Elemente gehoben werden. In dicht besiedelten Gegenden muß das Ziel der Landwirtschaft die Industrialisierung sein, welche auf kleinerem Raume und mit möglichst wenig Arbeitskräften verhältnismäßig hochwertige Produkte schafft, wie das in der Entwicklung des Molkereiwesens, der Geflügelzucht und des Gartenbaues verschiedener Länder beobachtet werden kann".

Was die Gewinnung von Rohprodukten (die Urproduktion), wie Erze, Mineralien und Kohlen, betrifft, bei welchen man auf die vorhandenen Bodenschätze angewiesen ist, kann man die Produktion nicht ins Unbegrenzte steigern, weil man sonst die vorhandenen Vorräte gänzlich aufbrauchen und sich so vom Auslande abhängig machen würde. Andererseits ist aber eine gründliche geologische und bergmännische Untersuchung, die Aufstellung einer Statistik der Erz- und Kohlenvorräte und die Sicherung aufgelassener Bergbaue notwendig, um sie im Bedarfsfalle wieder in Angriff nehmen zu können. Auch werden sich durch Gewinnung möglichst vieler in den Erzen enthaltener wertvoller Bestandteile wohl manche arme Erze vorteilhaft verwerten lassen.

In welcher Weise Produktionsstörungen in einem Lande auch in anderen Ländern, ja in der ganzen Weltwirtschaft schädlich einwirken können, zeigt

[1]) Wie *Guntzel* in „Unsere künftige Wirtschaftspolitik" richtig sagt.

der englische Bergarbeiterstreik[1]), über welchen Oberbergrat Dr. *Adolf Gstöttner* folgendes berichtet:

„Der englische Bergarbeiterstreik, der nunmehr bereits länger als fünf Monate andauert, hat eine einschneidende Verschiebung im Absatze der festländischen Reviere im Gefolge gehabt. England, das vor dem Streik monatlich rund fünf Millionen Tonnen Kohle exportierte[2]), muß jetzt im Monat September vier Millionen Tonnen fremder Steinkohle im Werte von $7^3/_4$ Millionen Pfund einführen, und dieser große Ausfall muß von den festländischen Revieren und Nordamerika aufgebracht werden[3]). Genaue Detailziffern über die Kohlenausfuhr der festländischen Staaten liegen begreiflicherweise derzeit noch nicht vor. Es sei nur erwähnt, daß der deutsche Steinkohlenexport von 1,83 Millionen Tonnen im Mai auf 3,97 Millionen Tonnen im August gestiegen ist, daß Polens Kohlenexport von 691 000 Tonnen im Mai auf ca. 2 Millionen Tonnen im August zugenommen hat, und daß die Tschechoslowakei im August bereits 588 700 Tonnen Kohlen exportierte gegen ca. 278 000 Tonnen im Juni."

„Es ist klar, daß so große Mengen mineralischer Brennstoffe, die infolge des englischen Streikes dem Markte fehlen, auf Produktion und Absatz der festländischen Reviere, die hauptsächlich auch Österreich beliefern, nicht ohne Einfluß bleiben konnten. Tatsache ist, daß die polnischen Reviere trotz wesentlicher Steigerung der Förderung den Anforderungen nicht mehr genügen können, daß ferner auch die tschechoslowakischen Reviere nicht nur nach Deutschland und Italien, sondern auch direkt nach England bedeutende Mengen von Steinkohlen zu günstigen Preisen abzusetzen vermögen. Das Ruhrrevier, die belgischen Gruben und die französischen Kohlenwerke haben schon seit Juli Hochkonjunktur."

„Die Kohlenvorräte gehen in den einzelnen Revieren jetzt rasch zu Ende, und in einzelnen Ländern, wie in Deutschland und Polen, tritt bereits Knappheit an Steinkohlen auf. Auch Preiserhöhungen werden bereits aus dem Ruhrrevier und anderen Ländern gemeldet. Der englische Streik geht aber weiter und England hat gerade in letzter Zeit enorme Mengen fremder Kohle bestellt, da selbst nach Beendigung des Streiks der Bedarf Englands aus der eigenen Förderung nicht voll bestritten werden kann, zumal ja auch die eigenen Vorräte Englands nunmehr aufgezehrt sind. Die Einfuhr Englands an Kohlen stellte sich im Mai und Juni zusammen auf 600 000 Tonnen, erreichte im Juli 2,5 Millionen Tonnen und im August rund 4 Millionen Tonnen."

Dieser enorm gesteigerte Kohlenimport Englands bedingt nun allerdings eine beträchtliche Geldeinnahme für jene Länder, welche so nach England exportieren, allein andererseits verringert sie auch die — oft überhaupt nicht allzu großen — Kohlenvorräte derselben, verringert also die Zeit, durch welche sie mit ihren eigenen Kohlenschätzen auszureichen vermögen, und bringt für die Zukunft große Gefahren.

---

[1]) Neues Wiener Journal, 10. Oktober 1926.

[2]) Noch im September 1925 wurden 3,6 Millionen Tonnen Steinkohle exportiert.

[3]) Demzufolge sind von 470 englischen Hochöfen nur mehr fünf in Betrieb.

Die Weiterverarbeitung der Rohstoffe erfolgt durch das Gewerbe und die Industrie und kann sowohl in Klein- wie in Großbetrieben durchgeführt werden. Gegenwärtig vollzieht sich eine allmähliche Umwandlung der ersteren in letztere, die dadurch bedingt ist, daß der Großbetrieb insofern gegen den Kleinbetrieb im Vorteile ist, weil er — mit größerem Betriebskapital arbeitend — seine Produktion im Bedarfsfalle bedeutend ausdehnen, seine Produkte aber auch auf einem weit über den lokalen Bedarf gehenden Gebiete absetzen kann. Auch kann er eine weitgehende Arbeitszerlegung und Abstufung der Arbeiten eintreten lassen und den Betrieb in technisch vollkommenerer Weise, namentlich mit Maschinenarbeit, durchführen[1]). Der Unternehmer selbst hat hierbei, wenn überhaupt, meist nur die leitende und disponierende Arbeit, während die technische und oft auch die kommerzielle Leitung häufig Lohnarbeit ist.

Die Folge dieser Umwandlung der Klein- in Großbetriebe ist, daß Handwerk und Hausindustrie durch die Fabrikindustrie, ja selbst die kleinen Fabriksbetriebe durch große verdrängt werden, und zwar um so mehr, als sich die Großbetriebe wieder in Kartelle und Trusts zusammenschließen. So wandeln sich die früheren Handwerker und Kleinbetriebsleute teils in Händler um, teils suchen sie in Großbetrieben als Lohnarbeiter einen Verdienst, während ihre Nachkommen sich immer mehr dem Studium widmen und Beamtenstellen anstreben. Auf diese Weise wird der Mittelstand, der als eigentliches Rückgrat des Staates von diesem besonders geschützt werden sollte, immer mehr proletarisiert, während der Kapitalismus gleichzeitig immer mehr überhandnimmt. Beides ist im allgemeinen wenig erfreulich, weil so in der Gesellschaft die wirtschaftlichen Interessen immer mehr hervortreten, die wirtschaftlichen Gegensätze aber sich verschärfen und das ganze politische und kulturelle Leben des Volkes beeinträchtigen und beherrschen.

Die Erfahrungen des Weltkrieges, welche manche Gefahren erkennen ließen, die aus dem überhandnehmenden Kapitalismus entspringen, haben die Aufmerksamkeit auch auf den Staatssozialismus gelenkt. Der Grundgedanke desselben ist gewiß ein ganz idealer; aber seine Durchführung würde auch ideale Menschen erfordern und würde ganz ähnlichen, ja noch weit größeren Schwierigkeiten begegnen, als sie uns der Parlamentarismus oft zeigt. — Vor allem hat die Erfahrung gelehrt, daß staatliche Betriebe nur höchst selten rentabel sind, ja daß sehr ertragsreiche Privatbetriebe (wie beispielsweise die Kaiser-Ferdinand-Nordbahn) sofort passiv werden, wenn sie der Staat übernimmt. Das hat verschiedene Ursachen, wie den Bureaukratismus und den Umstand, daß Neueinrichtungen und Verbesserungen nicht nur weit schwieriger beschlossen, sondern auch die hierzu erforderlichen Mittel bei Staatsbetrieben nur schwer und unvollständig, ja eben deshalb oft auch zu spät bewilligt werden, so daß die vorgeschlagenen Neueinrichtungen und Verbesserungen bis zu ihrer Durchführung schon veraltet und überholt

[1]) Siehe das S. 84 über *Ford* Gesagte.

sein können. Auch fehlt bei Staatsbetrieben die wichtige Anregung, welche Angestellte von Privatbetrieben an den Anteilen finden, die ihnen selbst aus dem Gesamtgewinne zufallen. Überdies kommt da noch in Betracht, daß der Staat dem Volke für die Verwendung der Steuergelder verantwortlich ist, also kein Risiko übernehmen darf, während der Privatmann, der ja mit seinem eigenen Vermögen arbeitet, dies tun und so günstige Chancen ausnützen kann.

Um eine Übersteuerung der Industrie, namentlich der Aktiengesellschaften, zu verhindern, die ihre Entwicklung aufhalten würde, schlägt *Naumann*[1]) die Gründung von Staatssyndikaten mit Arbeiterversicherung vor, wobei der Staat dem Erwerbsverbande einen gewissen Steuersatz auferlegt, wofür letzterer das Recht erhält, der einzige seiner Art zu sein. „Diesen Syndikatsumlagen", sagt *Naumann*, „haben sich auch die Produzenten oder Verarbeiter anzuschließen, die bisher nicht zum Syndikat gehörten, was einen starken Antrieb zum Anschlusse bildet. Bricht nun dieses auf staatliche bevorzugte Freiwilligkeit aufgebaute Syndikat aus irgendeinem Grunde zusammen oder wird es nicht wieder erneuert, so tritt eine Staatsauflage für verkaufte oder verarbeitete Quantitäten ein, was sehr zur Erhaltung der Syndikate beiträgt. Die Preisbildung und die Betriebsmethoden sind Angelegenheiten des Syndikates; doch hat der Staat ein sehr einfaches Mittel gegen Überschreitungen oder Nichtinnehaltung der Arbeiterversicherung: Er kann die Auflage ändern. Das ist für den Staat die leichteste Art, Geld aufzubringen, aber auch die geschäftlich biegsamste: das Staatsgeld wird aus dem Produktionsprozeß herausgenommen, ehe es Privatgeld geworden ist" ... „Das Selbstinteresse der Unternehmervereinigung wird dem Staatsinteresse dienstbar gemacht."

Hierbei ist jedoch die Arbeiter- und Beamtenversicherung unbedingt nötig, weil ohne solche die Staatssyndikate Organe des Klassenstaates werden würden.

Ob diese an und für sich ganz guten Gedanken sich auch als praktisch erweisen würden, ist allerdings eine Frage, die wieder in erster Linie von den Volksvertretern abhängen wird. Wenn diese nicht allein das Partei- und Privatinteresse, sondern in erster Linie das Volks- und Staatswohl im Auge haben, ist ein Erfolg möglich.

Der Handel und Verkehr besorgt die Verteilung der Güter an die Konsumenten; beide sind also die Vermittler zwischen diesen und den Produzenten. Diese Gruppe von Berufszweigen zerfällt in zwei scharf getrennte Teile: den Handel, dessen Hauptzweck die Umsetzung der Güter in Geld als den allgemeinen Wertmesser ist, und den Verkehr, der die räumliche Verteilung derselben bezweckt.

Der Handel zerfällt wieder in zwei Gruppen, den Großhandel, bei welchem die Produkte der Großindustrie und anderer Produzenten an die großen Abnehmer gehen, und den Klein- oder Zwischenhandel, welcher

[1]) „Mitteleuropa".

die Lieferung der Waren an die einzelnen Konsumenten vermittelt. Während der Großhandel dem Produzenten die Gefahren und Schwierigkeiten der Verwertung seiner Produkte abnimmt, erspart der Zwischenhandel dem Konsumenten die Mühe, den Produzenten selbst aufzusuchen und sich Warenvorräte zu halten, die teilweise dem Verderben ausgesetzt sind. Andererseits aber verteuert der Zwischenhandel jedoch die Waren.

Soweit der Handel beide Aufgaben erfüllt und der erzielte berechtigte Handelsgewinn nicht eine zu große Verteuerung der Waren hervorruft, ist er völlig berechtigt. Leider kommen aber oft Auswüchse vor, welche direkt als schädlich zu bezeichnen sind, und deren Bekämpfung daher dringend notwendig ist. Hierher gehört die schon früher erwähnte übergroße Entwicklung des Zwischenhandels, indem die Waren vom Produzenten durch eine ganze Reihe von Vermittlern zum Detailhändler und von diesem erst zum Konsumenten gelangen, ein Vorgang, der während des Krieges als Kettenhandel eine traurige Berühmtheit erlangt hat. Wie üppig unter solchen Verhältnissen der Spekulationsgeist gedeiht, wie durch Warenzurückhaltung die Preise ins Fabelhafte hinaufgetrieben werden können, haben wir ja alle erlebt. Hierher gehört auch das Schiebertum, das in der Kriegszeit gleichfalls in größter Blüte stand, und bei welchem oft sogar Waren „geschoben“ wurden, die überhaupt gar nicht existierten!

Andererseits finden wir beim Detailhandel eine ähnliche Erscheinung wie bei der Industrie und dem Gewerbe in der Entstehung der modernen Großmagazine und Warenhäuser, die oft zu sog. „Ramschbasaren“ ausarten.

Während erstere Erscheinung eine Folge der Entwicklung der Großindustrie ist, steht letztere einerseits mit dem immer mehr sich ausbreitenden Agentenwesen, andererseits aber auch mit dem schon besprochenen Abnehmen der Kleinbetriebe im Zusammenhang, da sich diese immer mehr in bloße Verkaufsstellen umwandeln (Selcher, Schuhmacher usw.).

Derartige, den Staat und die Bevölkerung schädigende Formen des Zwischenhandels sollten nach Möglichkeit beseitigt werden, indem sich die Detailhändler daran gewöhnen, unmittelbar vom Produzenten oder vom Großhändler zu kaufen, und man sollte auch streben — was für die Hebung des Bauernstandes und die ganze Volksernährung von größter Bedeutung wäre — die Bewucherung der Bauern durch Getreidespekulanten usw. durch Schaffung entsprechender Vermittlungsstellen zu verhindern.

Der Außenhandel, dem wir uns jetzt zuwenden wollen, hat für den Staat den Doppelzweck, einerseits solche Waren, die wir uns nicht selbst beschaffen können, ins Land zu bringen, andererseits aber durch den Export seiner eigenen Produktion den Volkswohlstand, also die wirtschaftliche Kraft des eigenen Landes zu vergrößern. Dieser Außenhandel — oder richtiger gesagt, die Handelspolitik — hängt aber nicht von jedem einzelnen Staate allein ab, weil ja auch die fremden Staaten, mit denen wir Handel treiben wollen, ihre eigenen Interessen vertreten.

Beim Verkehrswesen ist die Tariffrage von besonderer Bedeutung. Einerseits will der Staat, um seine Einnahmen zu vergrößern und den Betrieb rentabel zu machen, die Tarife erhöhen, während andererseits die Landwirtschaft und die Industrie, aber auch die inländischen Konsumenten eine Erniedrigung derselben verlangen. Die gewöhnliche fiskalische Methode ist die, für jene Waren, die zur Weiterverarbeitung bestimmt sind, gegenüber den zum unmittelbaren Gebrauche bestimmten Waren Frachtermäßigungen zu gewähren, oder solche Waren, die zwar nicht weiter verarbeitet werden sollen, aber auch als Nahrungsmittel oder als Genußmittel für den Menschen dienen können (wie Spiritus und Salz), zu denaturieren. Abgesehen davon, daß es ganz unlogisch ist, eine Ware, um sie zu verbilligen, unter Aufwand von Kosten und Arbeit, also unter Erhöhung der Gestehungskosten, zu verschlechtern, werden durch derartige Maßnahmen die Konsumenten, also die ganze Bevölkerung, getroffen. Wenn man bedenkt, daß die Kaiser-Ferdinand-Nordbahn vor ihrer Verstaatlichung die ertragreichste Bahn Österreich-Ungarns war, sollte es doch möglich sein, das gewünschte Ziel wenigstens dann ohne Erhöhung der Frachttarife zu erreichen, wenn nicht so ungünstige Verhältnisse wie nach dem Kriege hinzukommen.

Die Staatsverwaltung und ihr Geschäftsgang soll möglichst einfach organisiert sein, um nicht nur an Geld und Arbeitskräften, die ja viel besser einer produktiven Tätigkeit zuzuführen wären, zu sparen, sondern um auch eine raschere und damit eine die Staatsinteressen besser fördernde Tätigkeit der Verwaltungsorgane zu ermöglichen.

Bei der Staatsverwaltung ist zwischen der eigentlichen Verwaltung und den Staatsbetrieben zu unterscheiden:

Letztere sind, wie die Erfahrungen in den meisten Ländern zeigen, gewöhnlich wenig konkurrenzfähig gegenüber den Privatbetrieben, was teils an ihrer Organisation, teils aber auch an den schon früher auseinandergesetzten Umständen liegt. Es wäre daher ernstlich zu überlegen, ob derartige Betriebe (wozu auch die Monopole gehören) nicht am besten Staatssyndikaten zu überlassen wären.

Bei der eigentlichen Verwaltung soll:

1. die Organisation, wie schon erwähnt, möglichst einfach,
2. auch der Dienstgang ein einfacher sein und die Selbständigkeit der einzelnen nach Tunlichkeit fördern, sowie
3. ein zu großer Personalstand vermieden werden.

Wenn wir uns schließlich der Staatsform und dem politischen Leben zuwenden, so müssen wir auch diese vom energie- und volkswirtschaftlichen Standpunkte betrachten.

Welche Staatsform die zweckmäßigste ist, läßt sich nicht allgemein entscheiden, da dies von mancherlei Umständen abhängt. Jede Staatsform kann in einem gegebenen Falle die bessere sein, und das hängt in erster Linie von der politischen Reife der Bevölkerung ab!

Für manche Völker ist die Monarchie (und zwar je nach Umständen die absolutistische oder die konstitutionelle) besser, für andere wieder die Republik, von der es ja auch sehr verschiedene Arten gibt. So war z. B. nach der französischen Revolution die ausgesprochen absolutistische Regierung Napoleons I. deshalb vorzuziehen, weil sie wieder Ordnung in das zerfahrene politische Leben brachte; während sie allerdings für die Nachbarstaaten nichts weniger als günstig war. Freilich hat das schrankenlose Expansionsstreben Napoleons (das teilweise im Ruhmbedürfnisse des französischen Volkes seine Erklärung findet), hauptsächlich zufolge der vielen Kriege und der dadurch hervorgerufenen Verminderung der männlichen Bevölkerung, die Sachlage bald wieder so geändert, daß seine Regierung unmöglich wurde.

In der Schweiz hat sich die republikanische Staatsform vollkommen bewährt, und im Königreich Norwegen, das streng genommen nichts anderes ist als eine Republik mit erblichem Präsidenten, oder in England und Holland, die ja sehr ähnliche Verfassungen besitzen, haben sich die bestehenden Staatsformen gleichfalls bewährt.

Andererseits haben die Republiken des Altertums und auch manche neuzeitlichen Republiken unter dieser Staatsform gelitten, ja, sind daran zugrunde gegangen, weil sie fortwährend an inneren Kämpfen zu leiden hatten.

Die alte konstitutionelle österreichisch-ungarische Monarchie hat an den nationalen Streitigkeiten im Parlament, bzw. an den verschiedenen nationalen Parteien, die sich nicht einigen konnten, schwer gelitten und diese, die im feindlichen Auslande Unterstützung fanden, sind die eigentliche Ursache ihres Zerfalles.

Der Kommunismus endlich hat in unserer Zeit in Rußland bewiesen, daß er nicht existenzfähig ist! Es mag ja zugegeben werden, daß die Idee, welche dem Kommunismus zugrunde liegt, eine ganz ideale sei; aber — wie ein ehemaliger österreichischer Minister sagte — „Ideale sind das, was man nicht haben kann". Die Ursache, warum man sie nicht haben kann, liegt einfach darin, daß die Menschen selbst eben nicht ideal sind. Wären die Menschen lauter Engel, dann wäre der Kommunismus vielleicht möglich, obwohl selbst daran zu zweifeln ist, wenn man sich der „gefallenen Engel" erinnert!

Bei der Hauptversammlung des Vereins deutscher Eisenhüttenleute in Düsseldorf im November 1926[1]) wies Professor Dr. *Johannes Haller* in Tübingen in einem Vortrag über die Beziehungen zwischen Gesellschaft und Staatsform darauf hin, daß gegenwärtig überall ein Ringen um die Staatsform zu beobachten sei, das anscheinend noch nirgends zu bleibenden Ergebnissen geführt hat. In der Vergangenheit zeigten sich, nicht bloß im Orient, sondern auch im europäischen Abendlande, als normaler Zustand nur langsam sich ändernde Ordnungen. Die aristokratisch-monarchische Verfassung, die aus dem Zu-

[1]) Düsseldorfer Nachrichten.

sammenbruche des Römerreiches und der Zuwanderung germanischer Völker hervorging und in ihren Grundzügen bei allen Staaten die gleiche war, hat seit dem fünften Jahrhundert bis zur französischen Revolution, ja in den meisten Ländern bis in unsere Zeit, überall bestanden.

Die Ursache ihres Verschwindens kann aber nicht allein in der Wandlung der herrschenden Ideen gefunden werden. Unter dem Schlagworte der Freiheit wurden allerdings die aus dem Mittelalter ererbten Verfassungen abgetragen und ein Neubau errichtet, der im allgemeinen überall den gleichen Grundriß zeigte. Ornamentik und Anstrich mögen Verschiedenheiten aufweisen, in der Konstruktion unterscheiden sich aber Republik und konstitutionelle Monarchie nicht wesentlich voneinander. Beiden ist die Regierung des Staates durch gewählte Vertreter des Volkes gemeinsam.

Aber dieser Bau befriedigt schon heute eigentlich nirgends mehr; insbesondere hat die Erfahrung gezeigt, daß in ihm die erstrebte Freiheit kaum verwirklicht wird. Dennoch hat die Enttäuschung noch nirgends zu einem gelungenen Versuche geführt, die ehemaligen Formen des aristokratisch-monarchischen Staates wieder herzustellen. Die Idee allein wird es also nicht gewesen sein, die ihn sprengte.

Der wahre Grund ihres Sturzes lag vielmehr in der vollständigen Verwandlung der bürgerlichen Gesellschaft. Sie ist es, die den Stoff darbietet, den der Staat mit seiner Form umschließen soll. Die Zeit nach 1789 kannte nur eine nach Ständen organisch gegliederte Gesellschaft, von der wir heute bloß aus Erinnerungen und spärlichen Überbleibseln etwas wissen. Um uns sehen wir überall die Gleichheit herrschen, die wohl Unterschiede des Berufes und der Lebensstellung für den einzelnen, aber keine wirklichen Stände mehr zuläßt und die Gesellschaft aus einem organisch gegliederten Körper in eine Masse von Individuen verwandelt.

Ihrer natürlichen Gliederung in Adel, Geistlichkeit, Bürger und Bauern hatte die ehemalige Staatsform genau entsprochen, darum hat sie sich auch so lange erhalten und mit den Verhältnissen in gleicher Weise entwickeln können. Als die Gesellschaft ihre Form verlor, mußte auch die Staatsform fallen, und die Versuche, sie wieder herzustellen, waren zum Scheitern verurteilt.

Wir können daraus die Lehre ziehen, daß eine Staatsform, um dauernden Bestand zu haben, aus der organischen Form der Gesellschaft hervorwachsen muß. Wenn es eine solche heute nicht mehr gibt, so werden auch die Staatsformen, mit denen wir es zu tun haben, kaum mehr als zeitweilige Behelfe darstellen können. Erst, wenn die Gesellschaft wieder feste Formen angenommen haben wird, dürfen wir hoffen, auch zu einer dauernden Staatsform zu gelangen. Ansätze dazu sind unverkennbar; die vorhandenen Berufsstände zeigen die Neigung, zu wirklichen Ständen der Gesellschaft zu werden. Noch steht dem vieles entgegen; aber die Natur der Dinge, die stärker ist als aller Menschenwille, dürfte eines Tages doch dazu führen. Auch der Ausgleich zwischen den verschiedenen Volksklassen, die sich heute feindlich gegenüberstehen, würde dadurch gefördert werden. Wenn sie es lernen, sich nicht mehr lediglich als Gruppen von einzelnen mit gleichen Interessen, sondern als wahre Stände, und in dieser Eigenschaft als Glieder eines Ganzen zu fühlen, die zusammengehören und aufeinander angewiesen sind, dann wird mit dem sozialen Frieden auch das Fundament einer festen und bleibenden Staatsform wieder gefunden sein, die beide seit der französischen Revolution verlorengegangen sind.

Gewiß haben die verschiedenen Bewohner eines Landes auch verschiedene Interessen, und es werden sogar oft recht ernste Interessengegensätze eintreten. Demzufolge bilden sich Parteien, um die gemeinsamen Interessen einer solchen Bevölkerungsgruppe besser vertreten zu können. Das ist ganz natürlich und auch vollkommen in Ordnung, ebenso wie es natürlich und notwendig ist, daß sich diese Gegensätze in den Vertretungskörpern äußern werden.

Aber die verschiedenen Parteien sollen und dürfen nie vergessen, daß sie gleichberechtigt sind, und sollen auch stets das Gesamtinteresse des ganzen Landes im Auge haben. Leider ist dies jedoch nur selten der Fall, und häufig kommt es in solchen Vertretungskörpern zu einem wüsten Gezänke, unter dem das ganze Volk Schaden leidet. Ja, es kann auch vorkommen, daß die Herren Parteiführer manchmal ganz andere Interessen verfolgen als jene ihrer eigenen Partei!

Wenn aber die Parteien nicht auf das allgemeine Wohl bedacht sind, wenn sie ihren Willen durch Terror durchzuführen streben, führen sie den Parlamentarismus ebenso wie das republikanische System ad absurdum.

Im allgemeinen kann man überhaupt sagen, daß Beratungen sowohl wie auch Unternehmungen aller Art um so weniger gute Ergebnisse erzielen, je mehr Leute dabei dareinzureden haben. Hier bewährt sich wieder das Sprichwort: „Viele Köche versalzen die Suppe."

In jeder Versammlung gibt es einen gewissen Prozentsatz von Leuten, die sich gerne reden hören und noch überdies mit Vorliebe über solche Dinge lange Reden halten, die sie nichts angehen, oder die sie nicht verstehen, was natürlich auf die gefaßten Beschlüsse nicht ohne Einfluß bleibt. Zum mindesten kommt es bei derartigen Beratungen meist auf Kompromisse hinaus, und die sind oft schlechter als der ursprüngliche Antrag, über den beraten wurde. Andererseits kann aber freilich eine gesunde Opposition nie entbehrt werden, weil sonst unrettbar eine Erschlaffung der ganzen Verhandlungen eintritt. Mit der Opposition verhält es sich eben geradeso wie mit der Reibung eines Eisenbahnzuges auf den Schienen, ohne welche der Zug überhaupt nicht von der Stelle käme. Wird aber die Reibung sowohl wie die Opposition zu groß, so geht es auch nicht vorwärts.

Bei den widerstreitenden Interessen, die in mancher Beziehung zwischen Privat- und Volkswirtschaft sowohl wie bei den verschiedenen Parteien sich geltend machen, muß der Staat über die Macht und den Willen verfügen, den richtigen Ausgleich zwischen diesen Interessenkreisen zu treffen, er muß diesen Willen aber auch durchsetzen. Um dies zu erreichen, muß ihm nicht nur ein völlig unabhängiger Richterstand, sondern auch eine ebenso unabhängige, also vor allem eine parteilose bewaffnete Macht zur Verfügung stehen, die imstande ist, auch dort, wo die Gemüter stark erhitzt sind, die Ordnung aufrechtzuerhalten.

Freilich besteht überall dort, wo die Macht vorhanden ist, auch die Gefahr, daß sie mißbraucht werden kann. Aber um das zu verhüten, genügt es, daß eine vernünftige Opposition vorhanden ist und daß der Grundsatz allgemein anerkannt werde, daß die Stimmenmehrheit entscheide. Hierzu kommt noch, daß die Wahl der Volksvertreter vollkommen unbeeinflußt erfolge, so daß sie tatsächlich Vertreter des Volkes sind und das Ergebnis ihrer Beratungen wirklich den Willen des Volkes repräsentiert.

Zu diesem Zwecke ist es aber — und zwar gerade in einem demokratischen Staate — höchst notwendig, das Volk politisch und sittlich zu erziehen. Namentlich darf die Kindererziehung nicht auf parteipolitischer Grundlage erfolgen, sondern muß im Gegenteile trachten, den allgemein menschlichen Standpunkt, das Gefühl der Gleichheit und Gleichberechtigung aller Menschen sowohl als auch aller verschiedenen Ansichten, wenn sie nur ehrliche Überzeugung sind, ganz besonders zu betonen. Auch sollen die jungen Menschen durch die Erziehung so weit gebracht werden, daß sie sich nicht von jedem, der ein gutes Mundwerk hat, an der Nase herumführen lassen. Das ist leider heute noch lange nicht der Fall, und es ist eigentlich unbegreiflich, daß sich so viele Menschen durch Schlagworte und Versprechungen, von denen jeder ruhig Denkende einsehen muß, daß sie unmöglich gehalten werden können, ja auch durch direkte Lügen und die Erweckung gefährlicher Instinkte mitreißen lassen.

Bei den Menschen selbst muß der Hebel angesetzt werden, wenn wir sowohl in der Energie- wie in der Volkswirtschaft, die sich ja beide in breiten Schichten decken, gedeihliche Fortschritte machen wollen.

Soll das *Ostwald*sche Kulturideal: tunlichste Vermeidung jeder Energievergeudung (ein Ideal, von dem wir heute sowohl in technischer wie ganz besonders in politischer Beziehung noch recht weit entfernt sind) erreicht werden, so muß gerade hier in erster Linie Wandel geschaffen werden, und dazu müssen alle redlichen Menschen mithelfen. Nur dann können wir endlich wieder dazu kommen, daß wir es mit Menschen im wahren Sinne des Wortes, d. h. mit solchen zu tun haben, die — ehrlich und rechtschaffen — nicht nur auf sich selbst, sondern auch auf ihre Mitmenschen und auf das allgemeine Wohl bedacht sind.

Je weiter wir in dieser Richtung fortschreiten, je besser wir mit unserer eigenen geistigen Energie im volkswirtschaftlichen Sinne wirtschaften, desto besser werden wir uns alle stehen! Das ist der richtige Weg zu einer allgemeinen Sanierung nicht nur eines einzelnen Landes, sondern der ganzen Welt!

Nachträge während der Drucklegung.

Nachtrag zum 5. Kapitel (Seite 46).

Svante Archenius hat 1922 den Wert der verfügbaren Energiequellen (in Billionen Calorien) wie folgt geschätzt:

1.	Wärmestrahlung der Sonne im Jahr	$3 \cdot 10^{12} \cdot 10^{6}$
2.	Wärmestrahlung der Sonne im Jahr auf die Erde, einschließlich ihrer Lufthülle	$1330 \cdot 10^{6}$
3.	Wärmestrahlung der Sonne auf die Erdoberfläche	$530 \cdot 10^{6}$
4.	Wasserverdampfung in Meer und Luft	$340 \cdot 10^{6}$
5.	Energieinhalt des Wassers in den Wolken	$2800 \cdot 10^{6}$
6.	Energie des fließenden Wassers	55 000
7.	Ausnutzbare Energie der Flüsse	4 000
8.	Energie der Luftströmungen	$33 \cdot 10^{6}$
9.	In den Pflanzen aufgespeicherte Energie	160 000
10.	Energieinhalt der im Jahre konsumierten Kohlen	10 000
11.	Gesamtinhalt der fossilen Kohlen	$44 \cdot 10^{6}$
12.	Energieinhalt der Erdölvorräte	120 000

Nachtrag zu Seite 66.

In der letzten Zeit ist es Professor *F. Paneth* und *R. Peters* in Berlin gelungen, noch einen weiteren wichtigen Schritt in der Erkenntnis des Aufbaues der Atome vorwärts tu zun, nämlich den Aufbau des Heliums aus Wasserstoff

$$4\,H = He.$$

Sie ließen Wasserstoff von fein verteiltem Palladium absorbieren und erhielten so Helium. Die Reaktion verläuft allerdings recht langsam, da unter diesen Umständen pro Tag nur etwa ein Zehnmillionstel Kubikzentimeter Helium gebildet wurde.

Nachtrag zu Seite 69.

In allerjüngster Zeit hat der französische Ingenieur *Georges Claude*[1]) einen Vorschlag gemacht, die Wärme des Meeres als Energiequelle auszunutzen, wobei er den Temperaturunterschied, welcher zwischen der Meeresoberfläche und in größeren Tiefen besteht, in eigentümlicher Weise als Energiequelle heranziehen will.

In der äquatorialen Zone beträgt die Oberflächentemperatur 26 bis 30° C, während sie in einer Tiefe von 1000 m zufolge des ständigen Zuflusses von kaltem Wasser aus den Polargegenden nur etwa 3° C beträgt.

Bei seinem Vortrage zeigte er das Modell eines Apparates, der aus einem ovalen, luftdichten Kessel bestand, welcher Wasser von 26° C enthielt. Von diesem Kessel führte ein kurzes Röhrensystem zu einem mit Wasser von 3° C gefüllten Reservoir. Verdünnt man die Luft im Kessel mittels einer Luftpumpe

[1]) Experimentalvortrag in der franz. Akademie d. Wissenschaften, 15. Nov. 1926.

stark, so verdampft das Wasser schon bei 26° C, der Dampf strömt durch das Röhrensystem zu dem Reservoir mit kaltem Wasser und wird dort kondensiert. Wenn man dafür sorgt, daß das verdampfte Warmwasser im Kessel ständig Zufluß erhält, so ergibt sich ein konstanter Dampfstrom in der Rohrleitung, der bei dem vorgeführten Modell eine in die Rohrleitung eingebaute Dampfturbine antrieb, die zur Erzeugung von elektrischer Energie, welche drei Glühlampen speiste, verwendet wurde.

Während aber andere Dampfmaschinen mit Drucken von 10 bis 40 Atm arbeiten, betrug derselbe bei dem erwähnten Modelle nur 0,03 Atm, was jedoch hinreichte, die kleine Turbine auf 5000 Umdrehungen in der Minute zu bringen.

G. Claude und Professor *Boucherot* berechnen, daß durch Verdampfung von Warmwasser im luftverdünnten Raum ebensoviel Energie gewonnen werden könne, als wenn dieselbe Wassermenge bei einer Fallhöhe von 100 m in einem Wasserkraftwerke ausgenutzt worden wäre. Könnte man daher in der angegebenen Weise je Sek. 1000 cbm Wasser bei 28 °C verdampfen, so ergäbe dies eine Stromleistung von 400 000 kW.

Gibt man dies auch zu, so werden sich der praktischen Durchführung des Gedankens doch recht gewaltige Schwierigkeiten entgegenstellen, so daß kaum zu erwarten steht, auf diese Weise bald große Energiemengen gewinnen zu können.

Nach Zeitungsnachrichten sollen in den Berliner Stadtbezirken Neukölln und Schöneberg, die eine Einwohnerzahl von rund 700 000 Köpfen besitzen, aus dem Schlamm der etwa 90 000 cbm verfügbaren Abwässer brennbare Gase (Methan) gewonnen werden, indem man denselben in 12 m tiefen Brunnen ausfaulen läßt. Tatsächlich besteht bereits in Essen eine derartige Versuchsanlage, die sich bewährte, und auch in Erfurt soll eine derartige Sumpfgasanstalt errichtet werden. Die Berliner Anstalt, die seit etwa zwei Jahren im Bau ist, soll in einigen Monaten vollendet sein.

Namenregister.

Sachregister.